大量絶滅はなぜ起きるのか

生命を脅かす地球の異変

尾上哲治　著

ブルーバックス

装幀／芦澤泰偉・五十嵐徹
カバーイラスト／橋爪義弘
目次・章扉・本文デザイン／坂　重輝（グランドグルーヴ）
章扉イラスト／わたなべひかり
本文図版／さくら工芸社

プロローグ——大地

大地と生命のつながりが絶たれ、大量絶滅がはじまろうとしている。最初の異変は、森に暮らす小鳥たちに現れた。

　オランダ「ブーンデルカンプの森」に生息するシジュウカラに、殻形成が不十分な卵を産む個体の報告が相次いだのだ[1]。一九八三年から一九八八年にかけておこなわれた調査によると、十分に殻が形成できていない卵の産卵率は、五年間で一〇パーセントから四〇パーセントへと跳ね上がっていた。形成不全の卵殻は薄く、小さな穴が多数開いているせいで、表面はざらざらしていた。そのような卵は、乾燥したり割れたりしてしまい、孵化《ふか》することがなかった。

同様の卵殻形成の不全は、ほかのヨーロッパ諸国やアメリカ合衆国（以下アメリカ）北東部からも報告された。[2][3] 報告が相次いだ一九八〇年代は、化学合成殺虫剤「ＤＤＴ」の被害から鳥類が劇的に復活した時期である。かつてこの殺虫剤は、鳥類が卵を産むために必要なカルシウムの代謝を妨げ、ワシやハヤブサといった猛禽《もうきん》類に壊滅的な被害をもたらした。[4] しかし、一九七二年にアメリカが、一九七三年にオランダがＤＤＴを禁止していたため、一九八〇年代の卵殻不全の原因が、この殺虫剤でないことは明らかだった。

鳥類が十分に殻形成をできなくなってしまった謎を探る手がかりは、意外なところから得られた。メスの鳥は、卵の殻形成に必要なカルシウムを、おもにカタツムリの殻を食べることで摂取する。しかし、一九八〇年代のヨーロッパでは、カタツムリの個体数が大幅に減少していたため、メス鳥が健全な卵を産むために必要なカルシウムを十分に摂取できていなかった。[1]

では、なぜ森のカタツムリは減少したのか。それは、土壌中のカルシウム濃度と関係していた。[1] カタツムリは、螺旋《らせん》形の殻を形成するために、土壌からカルシウムを摂取する必要がある。カタツムリが減少していた地域の土壌では、酸性化が進んだことにより、カルシウムが大幅に流出していたのだ。

土壌酸性化の原因として、大気汚染や温室効果ガスの影響がありそうだが、本書では人間活動が自然に与えた影響は議論しない。

重要なことは、大地の変化、すなわち土壌や岩石の化学的な変化が、森林生態系の高次捕食者である鳥類にまで影響を与えるという点だ。以前は見落とされていた「大地と生命のつながり」の一端が明らかになったといえる。[5] 大地－カタツムリ－鳥、これらは、カルシウムという見えない糸でつながれていた。

考えてみると、地球上ほぼすべての生命活動は、カルシウムやリン、カリウムといった、大地からもたらされる生体必須元素（ミネラルともいう）により支えられている。植物は、根を通して土壌からこれらの元素を取り入れることで生育するし、海の生態系の基礎をなす植物プランクトンの活動も、もとをたどれば大地から流出した元素に支えられている。

数万年の長い時間スケールでみると、生命活動に必要な元素をふくむ大地（岩石と土壌）は、水や大気による侵食の作用を受け、つねに〝新鮮な〟状態に更新され、地表に露出している。そのため、地球の歴史を通してみると、生命活動を維持するために必要な元素は、大地から生態系へと安定的に供給されてきた。

ところが大地に異変が生じると、現代の鳥類にみられるように、高次の生態系にまで影響がおよぶ。それでは、このまま大地の変化を放置し続けると、地球上の生命は今後どうなってしまうのだろうか？

このような疑問に答えるには、過去の地球で起こった出来事が参考になる。実際、いまから二億一五〇〇万年前——「三畳紀」と呼ばれる時代の末期——に、現代と非常によく似た大地の変化が起こったことがわかっている。そしてこの三畳紀末期には、「大量絶滅」が起こった。大量絶滅とは、地質学的尺度で短い期間に（通常は三〇〇万年未満）、七五パーセント以上の生物種が消滅する現象をいう。

大地の変化が、どのようなメカニズムで大量絶滅を引き起こしたのかについては、謎に包まれている。しかし、おそらくほとんどの読者になじみのない「三畳紀末大量絶滅」は、これから起こるかもしれない大量絶滅について、重要な示唆を与えてくれるに違いない。現代の鳥類にみられる異変は、大量絶滅のはじまりにすぎない可能性がある。

本書の試みは、私自身が五年間にわたって取り組んできた「三畳紀末大量絶滅」にかんする研究を振り返り、「大地と生命のつながり」について論考することにある。本書の前半では、さまざまな研究者とともに、世界各地に点在する三畳紀の地層をおとずれる。そして探偵さながらに、大地の変化に目を配りながら、大量絶滅が引き起こされた原因の解明に挑む。次いで、残された歴史記録と照らし合わせて、現代の大地がどのような状態にあるのか、そしてもし起こるとすれば、今後どのようにして大量絶滅が進んでいくのかを考察する。

現代は「大量絶滅の時代に突入した」と言われて久しい。[6][7] そのような中で、大気や水の変化には注意が払われてきたものの、大地の変化が生命活動に与える影響については、ほとんど何もわかっていない。本書を読み終えるころに、足元にある大地がいかに生命にとって重要なものかを、認識していただけるようになれば幸いである。

『大量絶滅はなぜ起きるのか』◉目次

〈本書で登場する三畳紀末の出来事〉

【生命の出来事】	
スモールワールド	あらゆる生き物が小型化する世界が、かつて存在した
大量絶滅	八〇パーセントもの種が突如絶滅した原因は何か
【大気の出来事】	
消えた二酸化炭素	植物の葉化石が、過去の大気中の二酸化炭素濃度を語る
湿潤化	カオリナイトの増加は、湿潤化の証
乾燥化	ストロンチウム同位体比の低下は、急激な乾燥化によるものか
【海洋の出来事】	
海退	地層に残された不整合は、海水準低下の印
海洋酸性化	炭酸塩岩の堆積停止は、海洋酸性化が原因か
無酸素化	炭素同位体比の上昇とウラン濃集は、海から酸素が欠乏した痕跡
富栄養化	陸地から過剰供給された栄養塩が、豊かな海の生態系を生み出した

【森林の出来事】	
シダ胞子	胞子の増加は、大地の荒廃のサインとなるか
森林消失	地層から消えた花粉化石は、森林消失の記録
森林火災	大量の煤は、大規模火災の動かぬ証拠
【大地の出来事】	
CAMP火成活動	地球史上最大規模の火成活動により、超大陸が分裂
地滑り	海底地滑りがヨーロッパ各地で頻発した理由とは
土壌流出	地層の時代逆転は、大地から土壌が失われた根拠となる

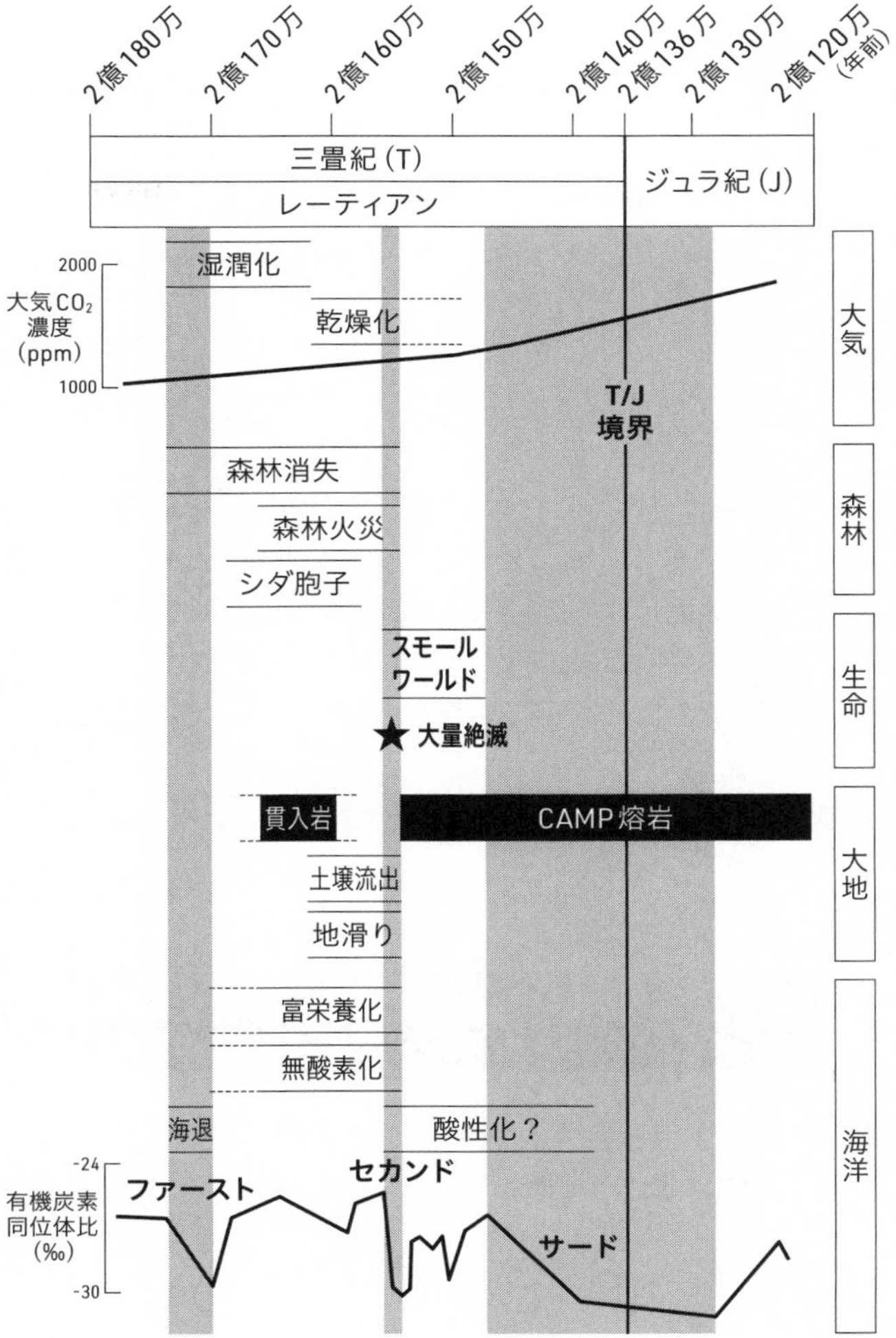

付図1｜本書で登場する三畳紀末の出来事

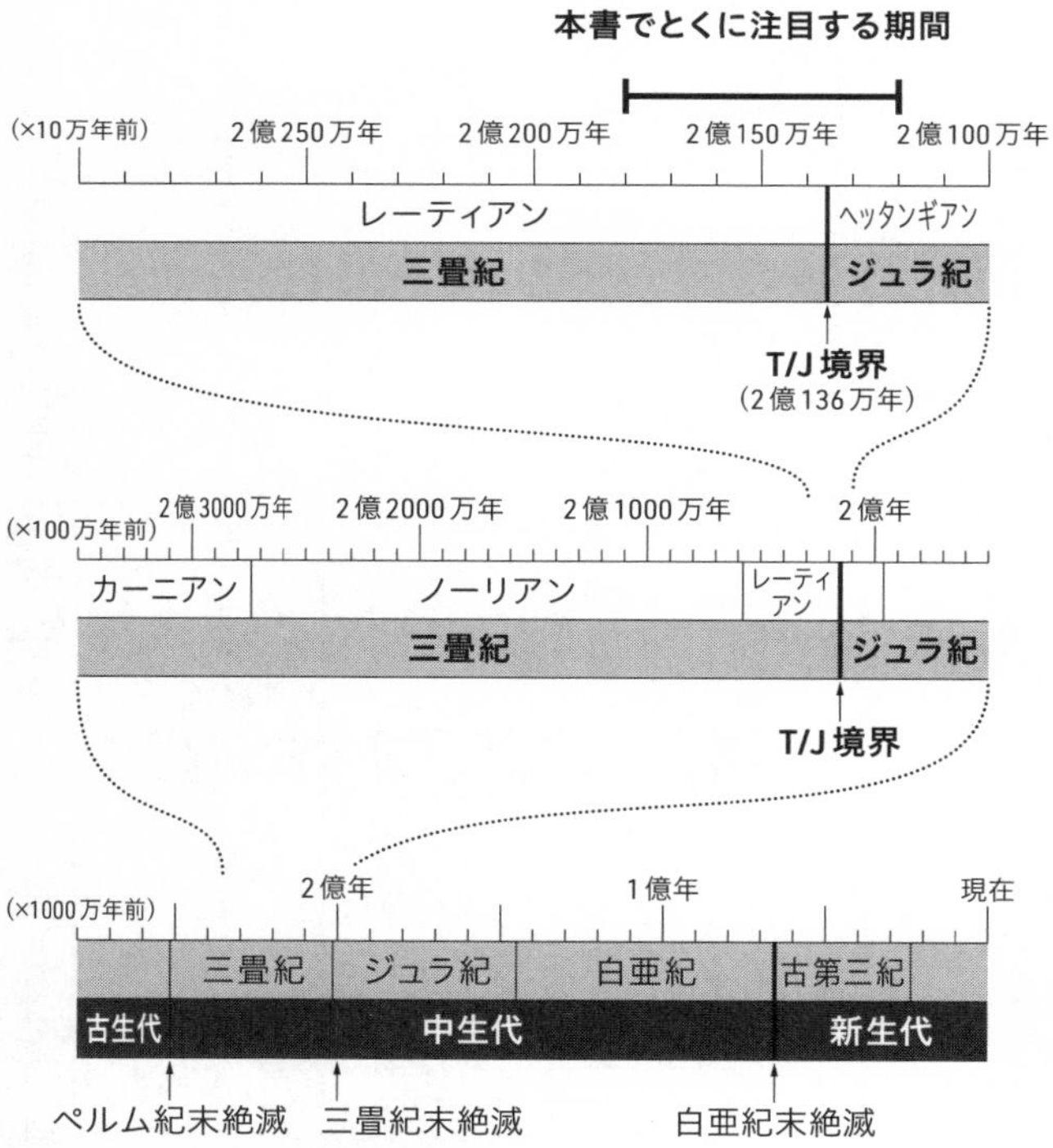
本書でとくに注目する期間
(×10万年前)
2億250万年
2億200万年
2億150万年
2億100万年
レーティアン
ヘッタンギアン
三畳紀
ジュラ紀
T/J境界
(2億136万年)
(×100万年前)
2億3000万年
2億2000万年
2億1000万年
2億年
カーニアン
ノーリアン
レーティアン
三畳紀
ジュラ紀
T/J境界
(×1000万年前)
2億年
1億年
現在
三畳紀
ジュラ紀
白亜紀
古第三紀
古生代
中生代
新生代
ペルム紀末絶滅
三畳紀末絶滅
白亜紀末絶滅

付図2　本書に関連する地質時代

第1章

異変

ニューカレドニア——二〇一七年二月

「ファンクーロ！（イタリア語で「ちくしょう」の意味）またサメがいるぞ！　どうやってボートまでもどればいいんだ！」

イタリア人地質学者のマニュエル・リゴは、頭をかきむしりながら歩くスピードを速めた。潮が引くとボートが陸に近づけなくなり、この無人島に取り残されてしまう。ジムで体を鍛え上げているリゴとはいえ、おそらくサメには勝てないだろう。彼は、サメのいる湾を大きく迂回して、胸まで海に浸かり、ようやく迎えのボートにたどりついた。

「生きていたか！　ガッハッハ」

船長のイヴがリゴの手をとった。イヴの真っ赤なボートの船首には、大きく口を開けたサメのペイントが施されていた。

二〇一七年二月一四日、マニュエル・リゴに誘われて、彼から一日遅れで「天国に一番近い島」ニューカレドニアをおとずれた。いったいこの地のどこに、天国に近い場所があるのか。ここに来てから、苦労の連続である。

ニューカレドニアをおとずれた理由。それは、ある奇妙な特徴をもった二枚貝の化石を探すことだ。二枚貝の名前は「モノチス・カルバータ」。この化石は、いまから二億一五〇〇万年前に起こった「三畳紀末大量絶滅」の地層を探すための指標となる。

三畳紀とは、生物の進化にもとづいて区分された地質時代の一つだが、三畳紀の「紀」をさらに細かく分類した時代名がある。三畳紀の最後には、「レーティアン」と名づけられた約五〇〇万年間の時代があり、「三畳紀末大量絶滅」もその中で起こった（**付図2**）。そして、二枚貝化石モノチス・カルバータは、このレーティアンの地層を探す際の目印となっている。

熱帯の調査は過酷である。私たちは、砂洲でニューカレドニア本島とつながった、名もなき小島に建つ「イヴの漁師小屋」に寝泊まりしていた。ここは宿泊施設ではなく、イヴが漁に使う道具を置いたり、簡単な食事をとったりするために建てられた、窓もドアもない小屋である。

イヴとは、ニューカレドニア地質調査所職員のつてで知り合い、調査地の無人島から近いこの場所に寝泊まりさせてもらっていた。彼は、仕事経歴の話から判断すると、おそらく七〇歳前後だろう。日が暮れると上半身は裸となり、大きな声で喋り、夜ごとたらふくビールを飲み、大きないびきをかいて寝る。

「ヘイガイズ、そろそろ夕食をとりに行こうや」

午後八時をすぎた頃、イヴの後を追って、うっとうしく生えた低木を避けながら海岸に向かって歩く。昨夕と同じ要領で、岸につけられたボートの上から釣り糸を垂らす。一五分くらいしたころに、なにかよくわからない大きい魚をイヴが釣りあげた。イヴの漁師小屋で夕食の準備がはじまる。

「イタリア人ならパスタだろ?」

イヴが魚とパスタをトマトソースであえた料理をつくってくれた。イタリア人のリゴは麺の茹で加減には口を出したが、味つけについては何も言わなかった。

シャワーもないため、食後はそのまま就寝である。何十年前から置かれているかわからない、湿ったソファーに横たわりながら、リゴが「調査を前倒しして、早く帰ろう」と小声で言った。私は板張りの床に仰向けになったまま、右手を上げて「グッド」とジェスチャーした。体がベタベタして、頭がかゆい。リゴのように、丸坊主にしてくればよかった。

コンビ結成

マニュエル・リゴとの出会いは、二〇一四年にバンクーバーで開催された地質学にかんする国際会議にさかのぼる。キャリアも研究テーマも、かなり似通ったものを選んできたため、お互いに相手の名前は知っていたものの、それまで会う機会はなかった。

私たちは、地層の積み重なりや広がり、そして各層にふくまれる化石から、過去の地球環境を解読する、地質学の一分野「層序学《そうじょがく》」を専門としている。地球環境の解読には、化石による時代決定が必要である。この時代決定に「コノドント」や「放散虫《ほうさんちゅう》」と呼ばれる一般にはなじみのない化石を使ってきた点も、私とリゴは共通していた。

歳は一つしか離れていない。バンクーバーでは、バーから流れてきた一九九〇年代のバンド「ロクセット」の懐かしいメロディをきっかけに意気投合した。「いつか一緒に研究しよう」と約束し、その後もメールで連絡を取り合った。

そして二〇一七年になって、ようやく国際共同研究の科研費（日本学術振興会の科学研究費補助金）が採択され、「三畳紀末大量絶滅」にかんする研究をスタートした。ニューカレドニアは、今後の五年間でめぐる世界各国の、最初の調査地として選ばれた。

ビッグファイブ

大量絶滅について、簡単に解説しておこう。

まずは、生命史の重大な転換点を紹介する。化石として残りやすい硬い外骨格をもつ生物が、いまから五億三九〇〇万年前のカンブリア紀に出現した。それ以降の時代は「顕生代《けんせいだい》」と呼ばれ、豊富な化石記録にもとづいて、生物進化や生物多様性の時代変化が解き明かされている。顕生代の化石記録が明らかにしたことは大きく二つある。一つは、生物の多様性がカンブリア紀以降現代まで増加し続けていること。そしてもう一つは、例外的に過去五回、多様性が急激に低下する時代があったことである（**コラム1**）。この急速な多様性低下が「大量絶滅」であり、五回の大量絶滅は「ビッグファイブ」と呼ばれている。

生命の歴史を振り返ると、種の絶滅は、われわれの知らないところでつねに起こっている。何もこの五回の大量絶滅に限った現象ではない。通常、絶滅は「生息する地理的範囲が狭く、個体数が少ない分類群」の種から、選択的に進行する。しかし、大量絶滅の時代には、この絶滅の選択性のルールが著しく変化する。「広範囲に分布し、個体数の多い分類群」の種も絶滅していたのである[8][9]。

私たちが研究テーマに選んだ三畳紀末の大量絶滅は、まさにこの「広範囲に分布し、個体数の多い分類群」の絶滅の割合が、ほかのビッグファイブと比べても高いことで知られる。陸も海も関係なく、希少種からありふれた種まで、一斉に絶滅したのだ。

近年の研究では、絶滅が三畳紀最後の時代、レーティアンの最初と最後に、二段階で起こったことが明らかにされている。[10] 本書で「三畳紀末大量絶滅」と呼ぶものは、このうちレーティアンの最後に起こったものを指す。

三畳紀末絶滅がどのようにして起こったのか、その過程は依然として不明である。しかし絶滅の直前、沿岸海域に生息していた動物の体には、ふつうではない変化が発現していた。

縮みゆく生物

「見つかったぞ、ドワーフだ！」

リゴが崖の上から大声で叫んだ。ニューカレドニアでの調査三日目。ようやく目当ての二枚貝モノチス・カルバータを発見した。文献のとおり、モノチスにしてはかなり小さい[11]（**図1・1**）。

モノチスと呼ばれる二枚貝の属は、世界中で見つかり、また進化による形態の変化が頻繁に起こるため、三畳紀の示準《しじゅん》化石（地質時代を決める基準となる化石）となっている。そしてこのモノチスは、レーティアンに入ると突如小型化し絶滅する。[12][13] 小型化は世界中の地層で認められる現象であり、「ドワーフ化」と呼ばれている。[14][15]

化石の小型化はレーティアンに入るとはじまり、最初はモノチスなどの二枚貝や、アンモナイト、腕足動物といった沿岸環境に生息する動物の多くに発現した。[16]〜[19] そしてこの小型化傾向は、レ

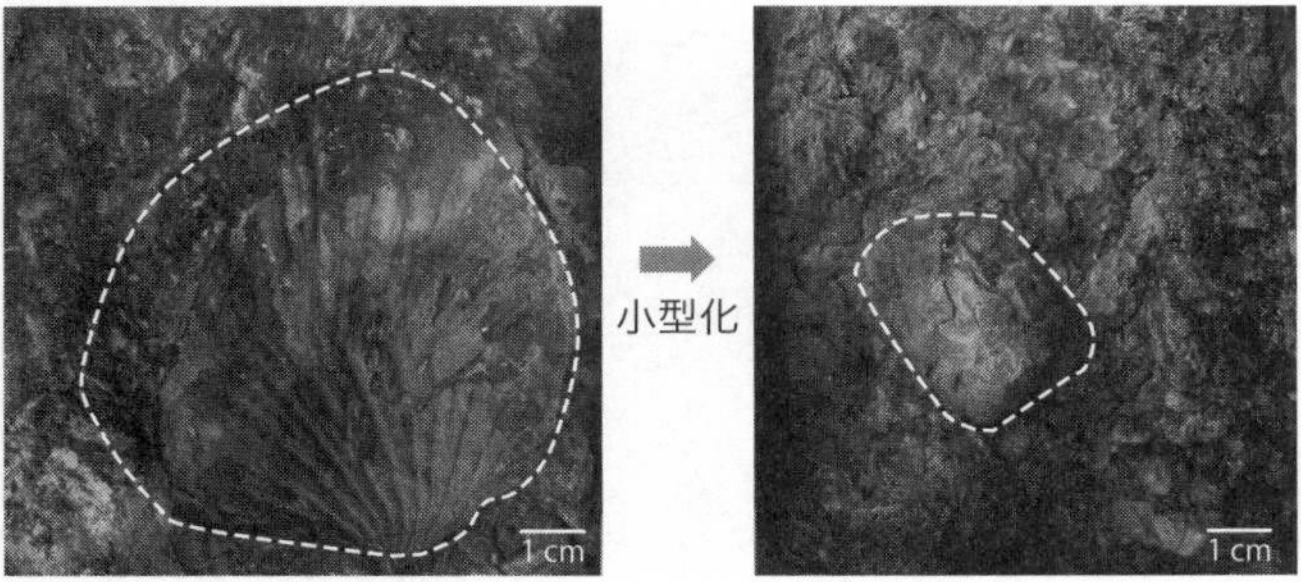

図1・1　モノチス・ギガンテア（左）とモノチス・カルバータ（右）

ギガンテアは、カルバータが出現する直前に繁栄した種。

ーティアン末、すなわち「三畳紀末絶滅」にかけてより顕著となる[17][18]。中でもアンモナイトが有名で、この時代に入ると、大きな個体サイズをもつものはすべていなくなり、三畳紀の分類群はたった一属の小型の種を除いてすべて絶滅する（**図1・2**）。

　体サイズは、生態や生理機能に影響を与えるため、生物にとって重要な要素である[20]。小型化の要因としては、大型分類群の選択的絶滅や小型種への進化傾向などいろいろと考えられる[21]。レーティアンでは多くの動物に共通して発現した変化であることから、当時の沿岸環境の変化が重要な要素と考えてよさそうだ。

　そのため私たちは、この体サイズの変化の原因を理解し、過去の地球に何が起こったかを明らかにしようとしていた。具体的には、小型化した生物を〝解剖〟する計画である。リゴはこの解剖の技術をもつキーパーソンだが、これは後の章で述べよう。まずは地質調査である。

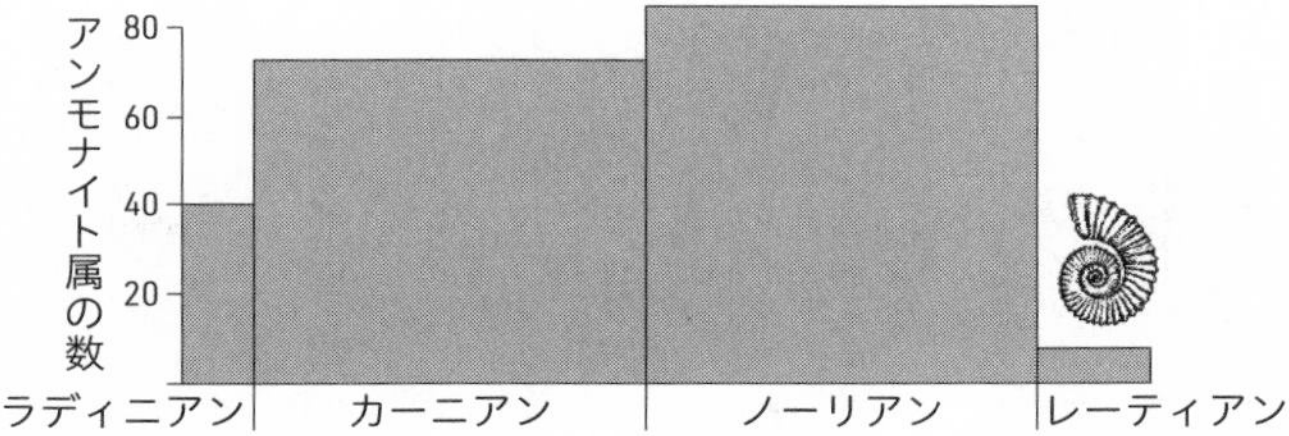

図1・2｜後期三畳紀アンモナイトの属レベルの多様性の変化

地質調査とは、ただハンマーで石をとればよいというものではない。地層にふくまれる岩石の種類、粒の大きさ、化学的な性質、一枚の地層の厚さや、堆積したときの水の流れの向きや速さを記録する堆積構造、ふくまれる化石、選択すべき分析方法など、さまざまな情報を同時に収集し、なおかつ時間変化にも注意を払わなければいけない。

推理小説に登場する探偵は、ある事件現場に残された時間の断面から、犯行の一部始終を推理する。地質学者は、事件現場の時間をもどしたり、あるいは進めたりしながら、何が起こったかを突き止める、と言っても、けっして大げさではないだろう。

調査三日目にして目的の化石や地層が見つかったのは上出来だし、これで漁師小屋からも出られる。直射日光を直に受ける崖にはりついた。もう不平は出ない。

ただ、ニューカレドニアの調査では、レーティアンの最初に起こったモノチスの小型化は確認できたものの、目当ての三畳紀末（＝レーティアン末）に起こった動物化石の小型化は、見つけることができなかった。三畳紀末の小型化は依然として謎に包まれている。そしてこの謎は、岐阜県の地層をおとずれることで、いちだんと深まることになった。

岐阜県坂祝町――二〇一七年三月

ニューカレドニアから帰国した私は、確かめたいことがあり、岐阜県坂祝《さかほぎ》町に赴いた。この地にもドワーフ化した化石が埋まっている。

行政区分上の坂祝町は、その南限に一級河川「木曽川」があり、この川を境にして愛知県犬山市と接している。木曽川は鵜飼いで有名だが、地質学者の間では、「チャート」と呼ばれる岩石でよく知られている。

チャートはおもに、ケイ酸質の骨格をもつ海生動物プランクトン「放散虫」の遺骸が、深海底で堆積して形成される。木曽川のチャートは、日本から何千キロも離れた古太平洋の深海底で、約二億五〇〇〇万年前から一億七〇〇〇万年前にかけて堆積した地層だ。この時代の地球上には、「パンゲア」と呼ばれる一つの超大陸と、この大陸を取り囲む巨大な超海洋「パンサラッサ海」が存在した（**コラム2**）。かつてのパンサラッサ海の底で堆積したチャートは、海洋プレートの移動により、現在の日本の位置まで移動して隆起し、この木曽川で姿を現している。[22]

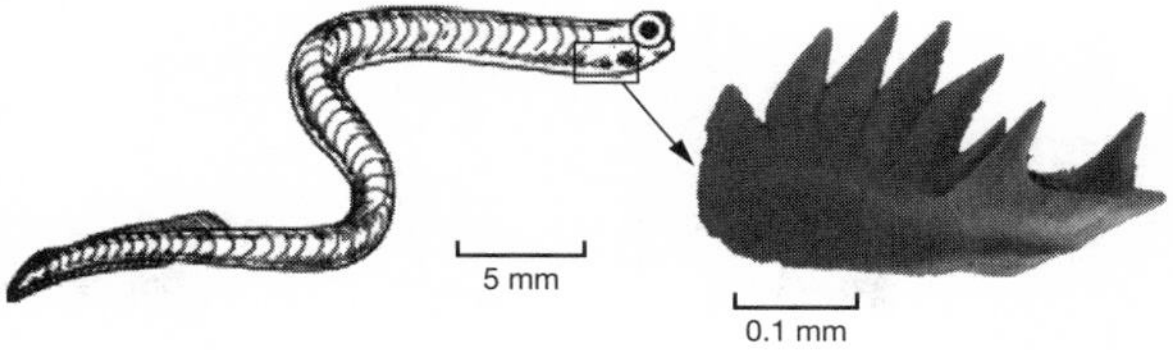

図1・3｜コノドントの復元図とコノドント化石の電子顕微鏡写真

謎の動物コノドント

私は木曽川のチャートにふくまれる、ある動物化石について調べようとしていた。「コノドント」である。

コノドントは、大きさが〇・二～一ミリの歯状の微化石である。化石自体は、マストを多く備えた帆船のような形が特徴的だ（図1・3）。体長が数センチから数十センチのウナギに似た動物の、食べ物を砕く器官の一部であると考えられている。人の歯と同様に「リン酸カルシウム」を主成分とすることから、化石として残りやすい。かつては脊椎動物とみなされてきたが、いまもその正体は謎に包まれている。

コノドントは、顕生代初めのカンブリア紀から三畳紀の時代決定に利用される代表的な示準化石である。しかし、三畳紀レーティアンに小型化が進み、三畳紀末に完全に絶滅した[※1][23]。小型化は沿岸に生息する貝やアンモナイトだけではなく、陸から遠く離れた海の生態系にも起こっていたということだ。

「三畳紀末の環境を坂祝のチャートから特定できれば、コノドントの小型化と絶滅の謎を解く鍵が見つかるかもしれない」

振るうハンマーは軽く、天候にも恵まれた。なにかおもしろいことがわかるかもしれないという予感がした。

木曽川のチャートにコノドントがふくまれることは、一九七〇年代からわかっていたものの、このフィールドでは三畳紀末のコノドントの絶滅にかんする研究はおこなわれていない。問題は、チャート中にふくまれるコノドントがわずかであるため、この化石を見つけるには非常に多くの時間と労力を割かなければいけないことにある。コノドントを抽出するには、チャートを酸で溶かす必要がある。そして、硬いチャートを溶かすには、温度管理に注意して酸を頻繁に変えながら、何十日もかけて作業をおこなわなければならない。つまりこの研究に必要なものは、斬新な理論でも画期的な分析でもなく、執拗なまでのハードワークである。

パドヴァ——二〇一七年四月

慌ただしい日々は続く。二〇一七年四月二四日、私はイタリア北東部の街「パドヴァ」をおとずれていた。大学から在外研究の許可を得て、これから九ヵ月間、この地で研究生活を送る。

マニュエル・リゴが在籍するパドヴァ大学は、いまから約八〇〇年前に設立されたヨーロッパ最古級の大学である。ガリレオやダンテが教鞭をとり、コペルニクスが学んだ大学としても知られる。私は「ガリレオが自作の望遠鏡で初めて天文学的観測をおこなった」という、誤った伝承のある天文台の近くにアパートを借りた。郊外のため多少家賃が安い。

日本を離れて研究生活をはじめたのは、イタリア国内に研究拠点を置くことで、この国の地質調査が容易にできるためだ。とはいえ、イタリア中の地層をなんでもかんでも自由に調べられるわけではない。

リゴはイタリアの各大学を〝マフィア〟呼ばわりしている。実際、大学ごとに研究対象とする地域の〝なわばり〟があり、他大学のなわばりに立ち入るためには、その調査地のボスに筋を通

※1　ここで〝完全に〟と強調したのは、「絶滅」という言葉にある程度幅があるためである。たとえばペルム紀末の絶滅で「コノドントの絶滅が起こった」と表現されることがあるが、これはコノドントの種数が大幅に減少しただけであり（これも絶滅という）、コノドント類の分類群すべてがいなくなったわけではない。ただし三畳紀末には、まさしくコノドント類の分類群すべてがいなくなったのである。

す必要がある（かつて日本でも同様の風習があったらしいが、最近はほとんど聞かれない）。これを怠ると、イタリアでは二度と研究ができない。誰がどこで何を調査しているか、研究者コミュニティーの中では、バールでの立ち話を通じて、情報は筒抜けである。

メガロドン

イタリアには、どうしても調査したい場所があった。地中海最大の島、シチリア島である。地質学的には、島の東部にある世界遺産エトナ火山が有名だが、古代ギリシア、アラブ、イスラム、古代ローマ時代の複雑な歴史を支えてきたのは、島の西部でとれる石材「石灰岩」である。石灰岩は、もとは炭酸カルシウムの骨格をもつ生物（サンゴなど）の遺骸である。遺骸が海底に降り積もり、時間をかけて石灰岩化する。シチリアに分布する石灰岩は三畳紀に形成されたことが、層序学者の間で知られている。

パレルモ国際空港に向けて降下する飛行機からは、地中海からそそり立つスパラジョ山（標高一一一〇メートル）の石灰岩を望むことができる。その山頂付近には、三畳紀末絶滅を記録した石灰岩が露出する[16][24]。

スパラジョ山をおとずれたとしても、その地層から三畳紀末絶滅の位置を特定することは容易ではないが、よく観察すると、奇妙な模様をもった石灰岩に気がつくだろう。石灰岩の中には、ちょうど両手でハートの形をつくったときにできるような模様が、ところどころに集まって見える。これが三畳紀の有名な二枚貝化石、「メガロドン」である（図1・4）。

メガロドンはシチリアのみならず、世界中の三畳紀の石灰岩から報告されている。日本の三畳紀の石灰岩からも見つかっており、熊本県の球磨《くま》川や埼玉県の武甲山《ぶこうさん》などが有名である[25]。

スパラジョ山のメガロドンは、最大で四〇センチもある。三畳紀レーティアンの個体としては大型だ。ところがレーティアンの末期に差しかかると、突如として小型化し、一〇センチ以下の個体がほとんどとなる。メガロドンは小型化してからは比較的短期間で絶滅する[26]。ジュラ紀の石灰岩にはもう見られない。

スパラジョ山では、「トリアシナ・ハンケニ」と名づけられた「有孔虫《ゆうこうちゅう》」化石も見つかる。有孔虫は石灰質の殻をもつ微小な化石で、沖縄などでは星砂《ほしずな》としてお土産屋に並んでいる。トリアシナ・ハンケニは、三

図1・4｜シチリア島のメガロドン標本
左側の個体は15cm程度

畳紀の有孔虫としては大型の部類に入るが、この化石も、メガロドンが小型化するタイミングでやはり小さくなりはじめる。しかも同一種であるにもかかわらず、体サイズだけが小型化するのだ。そしてメガロドンが絶滅するのと同じ時期に、この有孔虫も絶滅してしまう。

さらに、これらの生物が小型化しはじめるタイミングで、大型のサンゴや石灰海綿からなる生物礁も消失してしまう。いまでは、三畳紀末絶滅の謎を解く鍵が眠っているはずと、多くの研究者がこの地をおとずれる。

スパラジョ山では、メガロドン化石の小型化がとくに目立つが、小型化したあとも石灰岩の堆積は続いている。ということは、化石の骨格をなす炭酸塩鉱物の形成条件が満たされなくなったわけではなさそうだ。にもかかわらず、浅くて暖かい海で平和に暮らしていた生物は突如小型化し、大型のサンゴ礁はすっかり消えてしまった。この海でいったい何が起こったのだろうか?

絶滅現場のメモ

ある程度予想はしていたが、現地をおとずれ、三畳紀末の「広範囲に分布し、個体数の多い分類群」の時代変化に着目しても、生物が小型化して絶滅した原因に迫ることはできなかった。五年で成果を上げなければならないのに、わからないことが多すぎる。

私は調査の記録をいったん整理してみた（**図1・5**）。

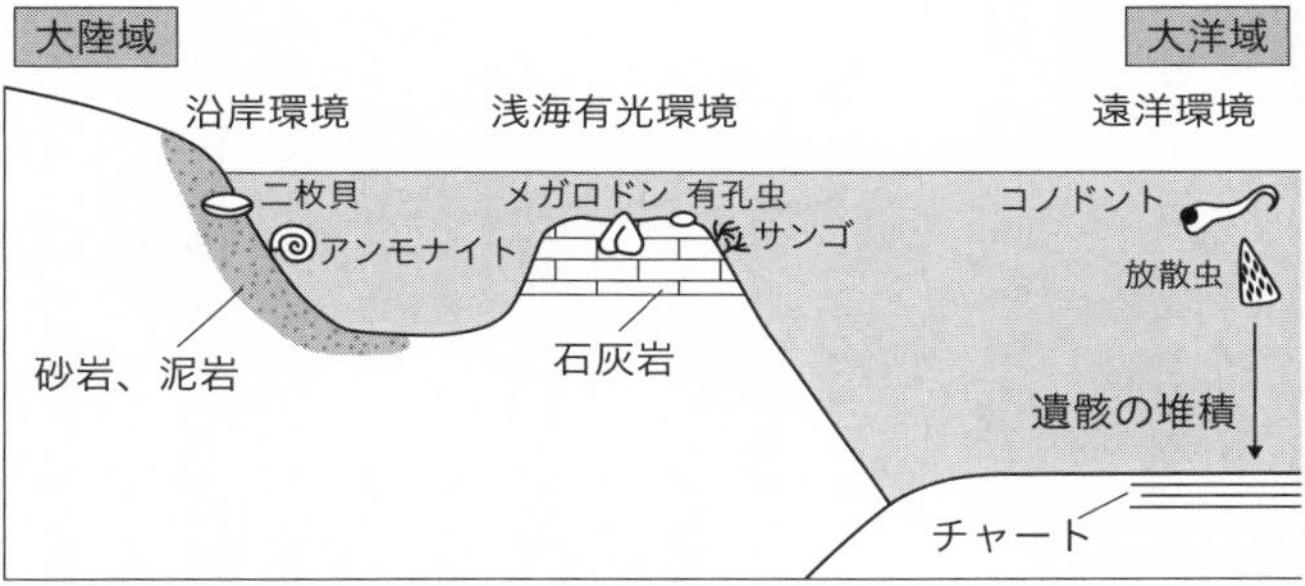

図1・5｜三畳紀末の海洋環境と小型化・絶滅した生物

【沿岸環境】

注目すべき生物：二枚貝、アンモナイト

岩石の種類：砂岩、泥岩、まれに炭酸塩岩（マール、石灰岩）

メモ：レーティアンに入ると小型化し多様性が低下。小型化はレーティアン末の短期間（二〇万年くらい？）でさらに進行し、その後突如消失する。

【浅海有光（光の届く）環境】

注目すべき生物：メガロドン、有孔虫、サンゴ

岩石の種類：石灰岩

メモ：サンゴ礁とその周辺に生息していたメガロドンや有孔虫は、レーティアンの末期に突如小型化。レーティアンには枝状の造礁サンゴが世界各地の熱帯〜亜熱帯環境に生息し、サンゴ礁を形成したが、レーティアン末に突

如絶滅。その後はサンゴ礁の消失期間（リーフギャップ）が続く。

【大洋域の遠洋環境】
注目すべき生物：コノドント
岩石の種類：チャート
メモ：コノドントは、レーティアンに入ると小型化。三畳紀末の短期間でさらに小型化、その後この分類群は完全に絶滅。カンブリア紀から続く歴史に幕。

すべての分類群に共通して言えるのは、小型化した生物は、例外なく直後に絶滅してしまうことだ。なぜ生物は小型化して絶滅したのか？

本書では、この謎のありかを明確にするために、生物の小型化と絶滅が起こった三畳紀末の世界を、「**スモールワールド**」と呼ぶことにする。とくに断りなく「スモールワールド」と出てきた場合は、三畳紀末の小型化が起こった時代を指していると考えてほしい。

小型化が、遺伝的変異によるものか、環境の変化に適応した表現型の変化なのかはわからない。わからないが、小型化はさまざまな分類群にみられるので、なにかしらの環境変化によって、世界はスモールワールドとなったのだろう。しかし、陸に近い沿岸海域から遠く離れた大洋域まで、あらゆる生物の小型化を、ほぼ同時に引き起こす環境変化などあるのだろうか？

私はいまから一〇年ほど前に、謎を解く手がかりを得ていたことを思い出した。それはカナダ・ロッキー山脈の山中の出来事で、野生のブラックベアの苦い思い出とともに、すっかり記憶から抜け落ちていた。

あの場所には、混沌とした世界についての記録があった。

コラム1 ビッグファイブ

ビッグファイブについて、年代と絶滅した生物「種」※2の割合を整理すると、以下のようになる。[27]〜[29]

※2 生物の分類階級は、界・門・綱・目・科・属・種の順に細分される。

① オルドビス紀末の絶滅、四億四五〇〇万年前、八五パーセントの種が絶滅

② 後期デボン紀の絶滅[※3]、三億七四〇〇万年前、八二パーセントの種が絶滅

③ ペルム紀末の絶滅、二億五二〇〇万年前、九六パーセントの種が絶滅

④ 三畳紀末の絶滅、二億一五〇万年前、八〇パーセントの種が絶滅

⑤ 白亜紀末の絶滅、六六〇〇万年前、七八パーセントの種が絶滅

図は、「科」という生物の分類階級にもとづいた生物多様性の変遷を示したグラフである。絶滅の影響は「種」のみならず、「科」レベルの高次分類群にまでおよんでいることがわかる。

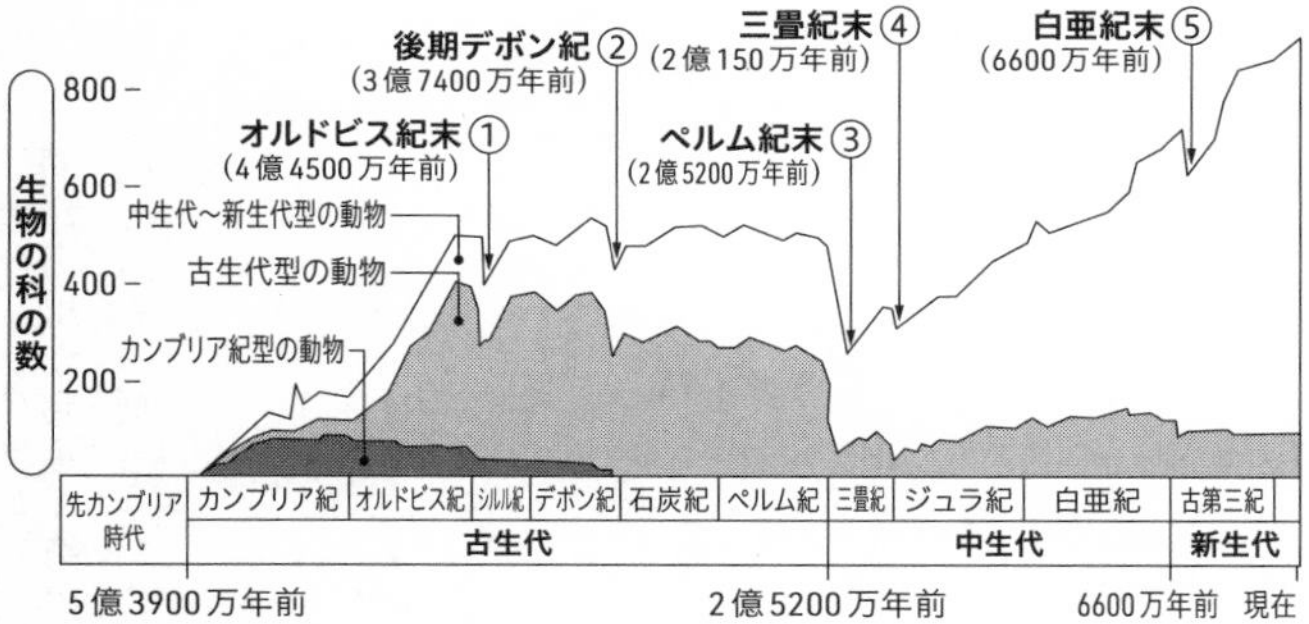

図 | 海生無脊椎動物の多様性の変化

ちなみに、以前は各大量絶滅に対して「三畳紀／ジュラ紀境界大量絶滅」や「ペルム紀／三畳紀境界大量絶滅」といった、地質時代境界の名が与えられていた。しかし、絶滅の時期が時代境界と一致しない生物が多いことから、最近では「三畳紀末大量絶滅」や「ペルム紀末大量絶滅」などと呼ぶ傾向にある。

コラム2 超大陸パンゲア

古生代石炭紀の中頃までに、地球上の主要な大陸が衝突・合体し、超大陸「パンゲア」と、巨大な超海洋「パンサラッサ海」が誕生した。三畳紀のパンゲア大陸は、全体としてアルファベットのCのような形をしており、大陸に囲まれた中心の海域は「テチス海」と呼ばれている。

※3　以前は後期デボン紀の「フラニアン」から「ファメニアン」という時代区分で起こった絶滅事変が重視されてきたが、最近ではこの多様性低下が中期デボン紀にすでにはじまっていたことを重視して、「中期－後期デボン紀の多様性低下(Middle to Late Devonian diversity decline)」とも呼ばれる（文献［28］）。

三畳紀のパンゲア大陸上には氷床は存在しなかった。また、低~中緯度に集中していたパンゲア大陸の内陸部は、降水量が少ない乾燥した気候であったと考えられている。

図中の斜線で示された領域は、日本に見られる三畳紀のチャートが堆積した場所を示したものである。

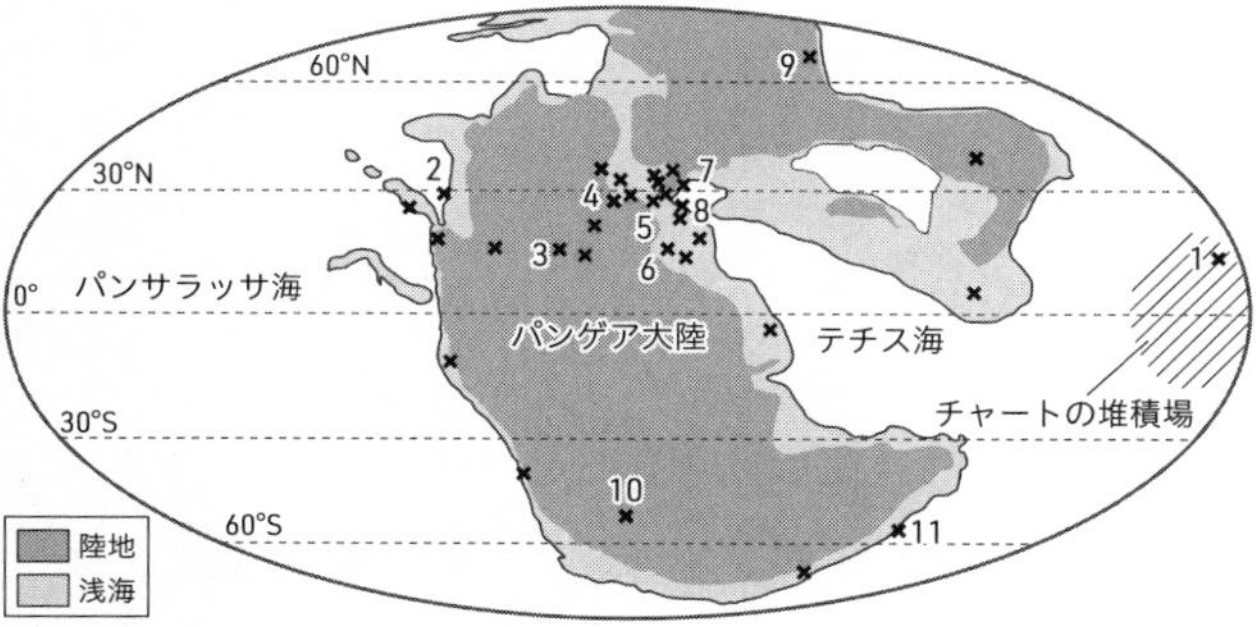

| 図 | **後期三畳紀の古地理図と三畳紀／ジュラ紀境界が報告された場所（×印）**

図中の数字は本書に登場するおもな三畳紀／ジュラ紀境界。1：岐阜県坂祝町、2：ブラックベアリッジ（カナダ）、3：ニューアーク（アメリカ）、4：ウェールズ（イギリス）、5：ロンバルディ（イタリア）、6：シチリア（イタリア）、7：カードリナ（スロバキア）、8：クーヨッホ（オーストリア）、9：ジュンガル（中国）、10：カルー（南アフリカ）、11：ニューカレドニア

第2章

混沌

ブラックベアリッジ——二〇一二年六月

男たちに囲まれて、木製の台に熊が横たわっている。その熊を仕留めたハンターが、興奮した顔つきで熊の胸から腹にかけて、ゆっくりとナイフを入れた。ナイフは肉と毛皮の間を滑っていき、ついにはピンク色をした熊の〝中身〟だけが台の上に残された。

さっきまで生きていたはずなのに、この中身からは生命を感じない。化石と同じ。生命としての時間が止まってしまったかのようだ。このときの記憶は鮮明に残っているが、不思議と人には話したことがない。

二〇一二年六月、私はロッキー山脈の東端に位置するウィリストン湖をおとずれていた。湖の北側には、ブラックベアリッジと呼ばれる丘陵地がある。ここには毎年夏になると、ブラックベア（分類上はアメリカグマ）の毛皮を求めるハンターが集うロッジがある。周囲の町からは完全に孤立しており、ロッジへはボートでしか行けない。

私はハンターたちとともにこのロッジに寝泊まりし、ブラックベアリッジ周辺に露出する三畳紀の地層を調査していた。ここから見つかる化石は保存状態が非常によく、肋骨むき出しの魚竜の化石や、さっきまで生きていたかのようなウミユリの化石が散在している（**図2・1**）。

高額の滞在費のためだが、ブラックベアリッジの調査は短期決戦であった。目的としていた三畳紀の地層の調査は、なんとか終えることができた[30]。ロッジでハンターたちからおどされていた、熊との遭遇も経験せずに済んだ。

このときは、ブラックベアリッジに「スモールワールド」の手がかりとなる環境変動の痕跡がはっきりと残されていることに、あまり注意を払っていなかった。三畳紀中頃の時代の調査を目的としていたせいもあるが、ハンターとの共同生活や熊の解体といった非日常的な生活に興奮し、夜のデータ整理が不十分だったせいかもしれない。いまになってフィールドノートを読み返すと、ここではたった八〇センチの厚さしかない「黒い地層」のなかに、三畳紀末の世界にかんするあらゆる記録が残されていた。

図2・1 | ブラックベアリッジで見られるウミユリの化石

生息地の消失——死因は海退か

いま追い求めているのは、少し物騒なたとえになるが、三畳紀末に繁栄していた生物の〝死因〟ともいえる。死の直前には小型化が起きており、これが死因を特定するヒントとなりそうだ。

研究史を眺めると、三畳紀末の生物の死因として初めて提案されたのは、おそらく「海退《かいたい》」である。海退説は、一九八九年にバーミンガム大学の古生物学者アントニー・ハラムが発表した。この説の根拠となる証拠が、ブラックベアリッジには残されている。

ブラックベアリッジで、三畳紀末レーティアンに堆積した地層をよく観察すると、通常はまっすぐ平らな地層の面が、一ヵ所だけ不規則に波打っていることに気づく。さらに詳しく見ると、この波打った面の上には、リン酸塩鉱物からなる小さな岩片状の粒子が見つかる。

この面が、いわゆる「不整合」である。[31] 不整合とは、通常は海面の下にあるはずの堆積物が、なんらかの理由により海面から顔を出したときにできる、侵食の痕跡である。

レーティアンの不整合は、ブラックベアリッジのみならず、アメリカやイギリスなど、各国の地層で報じられていた。[32] そのためこの不整合は、世界規模の海水面の低下、すなわち「海退」と呼ばれる現象によって、浅い海の堆積物が海面の上に露出し、侵食を受けた痕跡と考えられている。

ハラムは二枚貝化石を専門とする世界有数の古生物学者だ。彼は、海退により沿岸環境にいた生物が生息域を奪われ、三畳紀末の絶滅が起こったと結論づけた。[33] これが三畳紀末絶滅の「海退説」である。

過去の地質記録から、世界規模の海水面の低下は、気候の寒冷化にともなって起こったことがわかっている。寒冷な時代には、水が極地の陸上に氷として固定されるため、そのぶん海水の量が減る。結果として、海退が発生するのである。ハラムは、レーティアンの海退が比較的長期間（おそらく数十万年）の寒冷気候と関連して起こったのではないか、とにらんだ[19][34]。

この寒冷化については、世界平均で何度低下したかなどの定量的な議論にはいたっていない。ただ海退の時期に絶滅が起こったとなると、寒冷化と絶滅の間にも、なにかつながりがあったのではないかと疑いたくなる（**図2・2**）。

スモールワールドの一端が見えた。生物の絶滅は、世界の気温が下がって、生息域が失われたために起こったのかもしれない。では生物の小型化も、生息域の消失で説明できるだろうか。

考察を先に進めたいところだが、もう少しブラックベアリッジの話を続けよう。じつはブラックベアリッジには、寒冷化だけではなく、地質学者が知るほぼすべての環境変動の記録が残されていた。

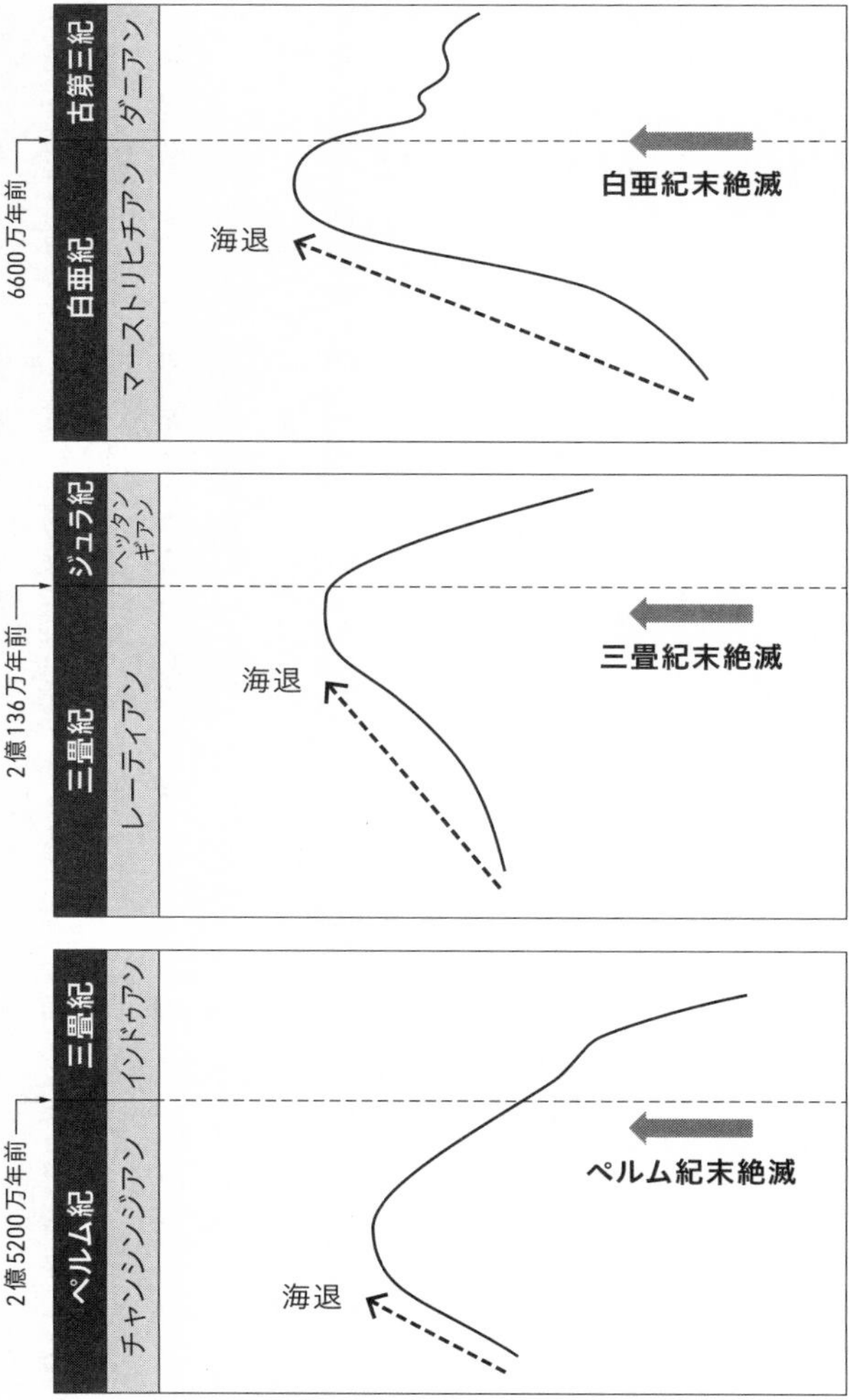

図2・2 地質時代の大量絶滅と海水準低下の関係

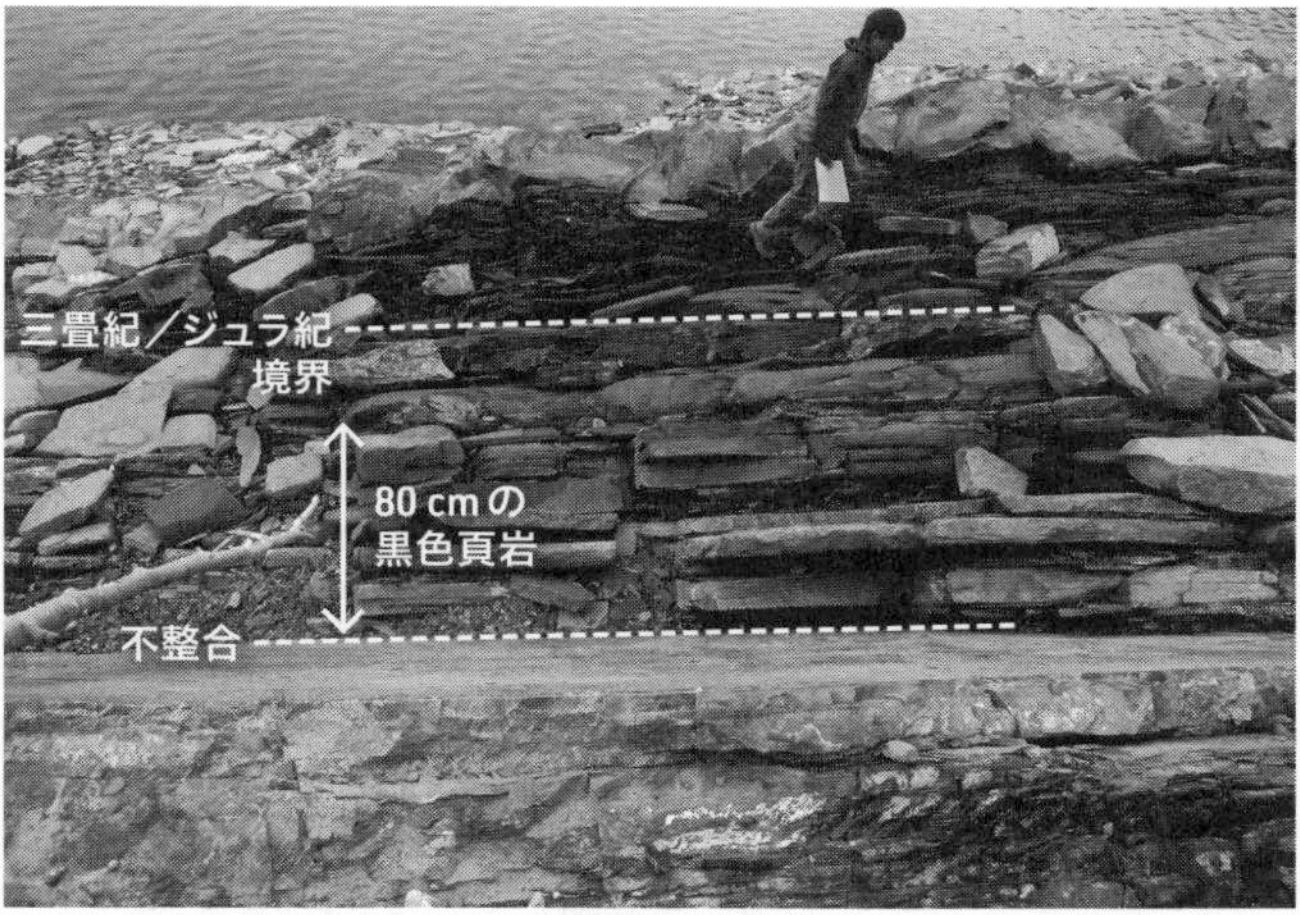

｜図2・3｜ブラックベアリッジの三畳紀／ジュラ紀境界と黒色頁岩

海洋酸性化
——石灰岩をつくれない世界

海退説の根拠となった不整合の直上には、約八〇センチの厚さをもつ、真っ黒な地層が堆積していた（図2・3）。黒色頁岩《けつがん》である。

ブラックベアリッジで観察される地層は通常、二枚貝やウミユリ、有孔虫、アンモナイトといった生物の遺骸が集まってつくる石灰岩から構成される。ところが、不整合の上に積み重なる八〇センチの黒色頁岩には、石灰岩がまったくふくまれない。

海退説を唱えたアントニー・ハラムの弟子、リーズ大学の古生物学者ポール・ウィグナルもまた、二枚貝化石の専門家である。ウ

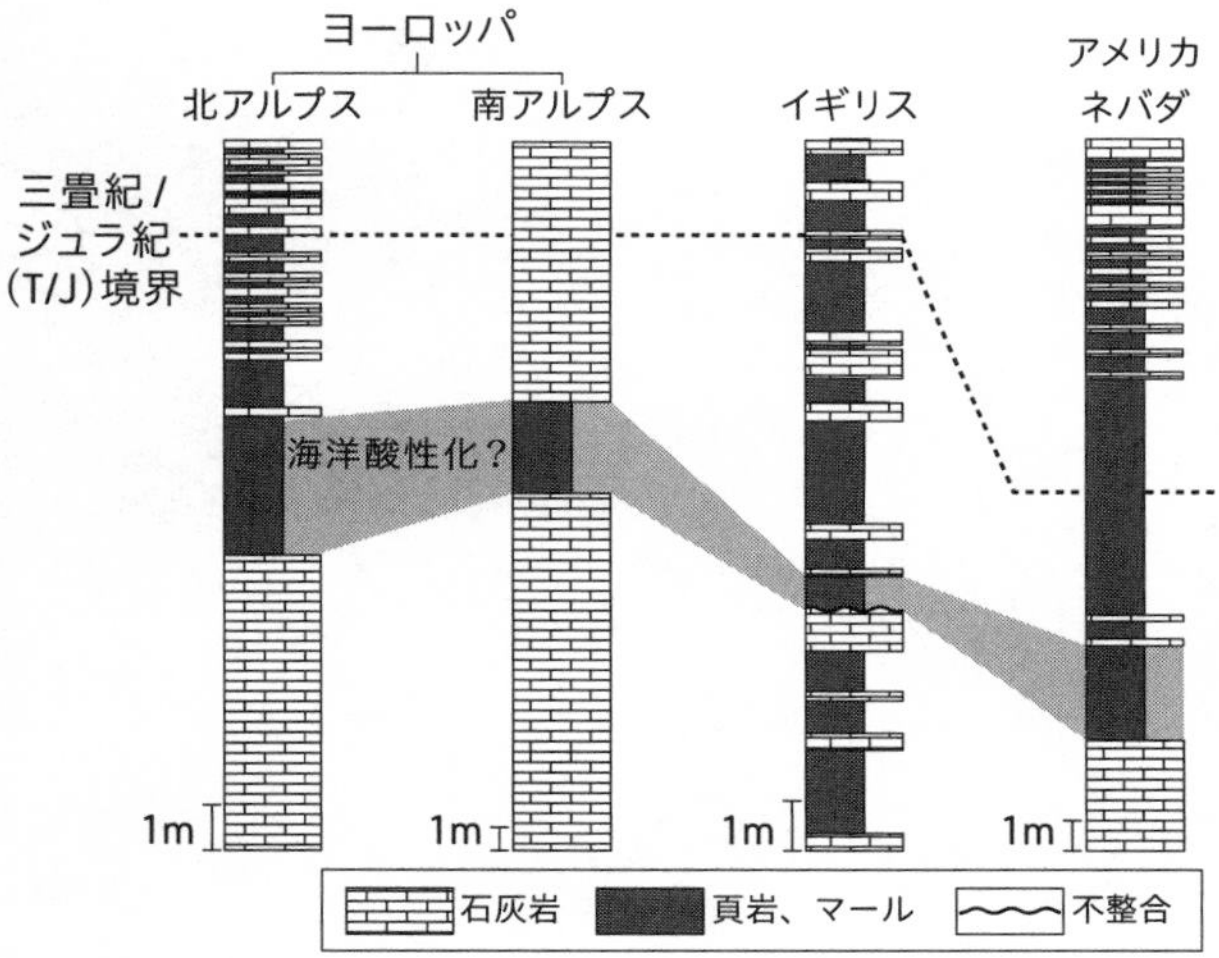

図2・4　海洋酸性化による石灰岩の堆積停止

三畳紀末には石灰岩の堆積が中断し、頁岩が堆積する。図中のマールとは、石灰岩と頁岩の成分が約半分の割合で混ざった岩石の種類のこと。

イグナルは、この黒色頁岩の堆積が「**海洋酸性化**」を記録している可能性に言及した[32]。

三畳紀末の海洋酸性化は、もともとはチューリッヒ大学の古生物学者マイケル・ハウトマン（彼も二枚貝が専門）によって、二〇〇四年に提案された。海洋酸性化は、後に「炭酸カルシウム危機」や「生物石灰化危機」とも呼ばれるようになる。

ハウトマンは、イギリスやヨーロッパアルプスには、三畳紀末になると石灰岩の堆積が中断して、頁岩の堆積へと変化する地層があることに気がついた（**図2・4**）。さらに調査を進めると、北米大陸西部の浅海で堆積した石灰岩にも、同様の特徴が見て取れた。彼は、地球規模で石灰岩の堆積が同時に中断したのは、海洋酸性化が進み、生物による炭酸カルシウムの形成が阻害されたためと結論づけた。[35][36]

ハウトマンのアイデアは、海洋酸性化が生物に与える影響を実験的に示した一九九〇年代末の研究に着想を得たものである。ここで、海洋酸性化－生物－石灰岩のつながりを整理しておこう。

海洋酸性化の原因と副作用

まず現代における海洋酸性化の問題は、人間活動により放出される二酸化炭素が原因とされている。大気中の二酸化炭素が水に溶けて、海水中の水素イオン濃度が増える（図2・5）。この水素イオンは、海水中の「炭酸イオン」と結びつき、炭酸水素イオンとなる。そのため、海水中に水素イオンが増えると、炭酸イオンはどんどん減っていく。この減少が問題を引き起こす。

すでに述べてきたとおり、石灰岩の原材料となるのは、生物がつくる炭酸カルシウムである。この炭酸カルシウムの形成には、図2・5に示すように、海水中のカルシウムイオンと炭酸イオンが必要となる。そのため、先の水素イオンの増加により炭酸イオン濃度が低下すると、サンゴ

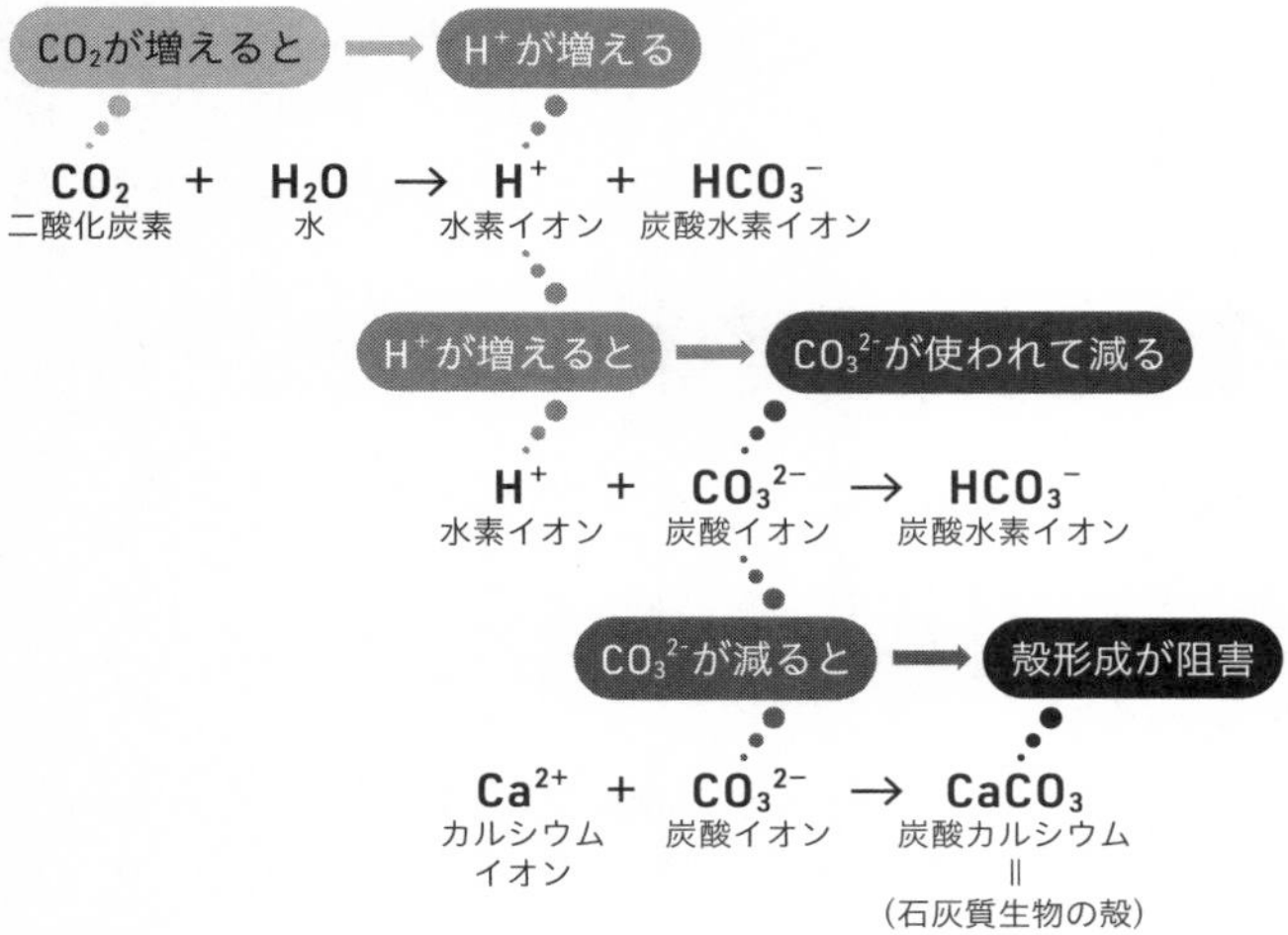

図**2・5** **海洋酸性化による炭酸カルシウムの殻形成阻害**

や一部の植物プランクトン（円石藻）は、炭酸カルシウムの外部骨格を維持できなくなる。[37]〜[39]

ハウトマンは、三畳紀末の海洋酸性化の原因として、火山の大規模な脱ガスによる大気中の二酸化炭素の増加を提案した。[36] 彼の仮説は、現代社会の二酸化炭素問題と大量絶滅の研究とを結びつけた点で魅力的である。ブラックベアリッジで石灰岩の堆積が中断する現象も、海洋酸性化で説明できるかもしれない。[40][41]

しかし、ブラックベアリッジにみられる黒色頁岩の「黒」が、話をややこしくする。

黒の由来――無酸素化

ポール・ウィグナルによると、ブラックベアリッジの黒色頁岩の堆積は、海洋酸性化のみならず、海底の「**無酸素化**」(酸素欠乏)も表しているという。[32][42] 酸性化なのに無酸素化? 詳しく見ていこう。

そもそも黒色頁岩の「黒」が何に由来するかというと、堆積物にふくまれる有機物である。有機物に富む黒色頁岩の形成モデルはいくつか提案されている。[43] ウィグナルは、当時の海底が酸素に乏しい環境へと変化したために、微生物が酸素を使って有機物を分解することができなくなり、結果的に、有機物に富む「黒い」堆積物が形成されたと考えた。

過去の海底が、どの程度の酸素をふくんでいたかを推定する方法はいくつかある。ウィグナルが用いたのは、海水中での元素の挙動を頼りにする方法だ。彼はとくに、ウランとバナジウムに注目した。

これらの元素は環境によって、水への溶解度を変化させる。とくに、酸素に乏しい環境では水に著しく溶けにくくなる。そのため、海底が通常の酸素に富んだ環境から乏しい環境へと変化すると、溶けきれなくなったウランとバナジウムが堆積物中に濃集するようになる。

そして、ブラックベアリッジの黒色頁岩には、たしかにウランやバナジウムが濃集していた。

そのため、当時の海底は、酸素に乏しく、無酸素化の進んだ環境であった可能性が高い[32]。

もう一つ、彼らの研究グループは、炭素同位体の化学的な分析にもとづいて過去の海洋の無酸素化を推定した。この推定は後々の議論で重要になるので、少し解説しておこう。

有機物分解の停止——炭素同位体比からわかること

海洋の表層で大気から溶け込んだ二酸化炭素には、炭素原子がふくまれるが、その中には炭素13（^{13}C）と炭素12（^{12}C）という二つの炭素同位体が存在する。光合成をおこなう植物プランクトンは、海水中の二酸化炭素と水から有機物を生成するが、このとき炭素13に比べて軽い炭素12のほうが有機物に変換されやすい。つまり植物プランクトンは炭素12を優先的に取り込む。

通常の海洋では、表層で炭素12を優先的に取り込んだ植物プランクトンは死後、深層で分解、酸化される。そのため、植物プランクトンが過剰に摂取していた炭素12も、二酸化炭素の形で溶け出す。これで、海洋における炭素12に対する炭素13の比（^{13}C／^{12}C）は保たれる。

ところが、死んだ植物プランクトンに由来する有機物が、海洋の深層で保存されてしまうような状況が出現すると、話が変わってくる。

海底から酸素がなくなった——有機物の分解が止まった——海を仮定してみよう。海洋の表層

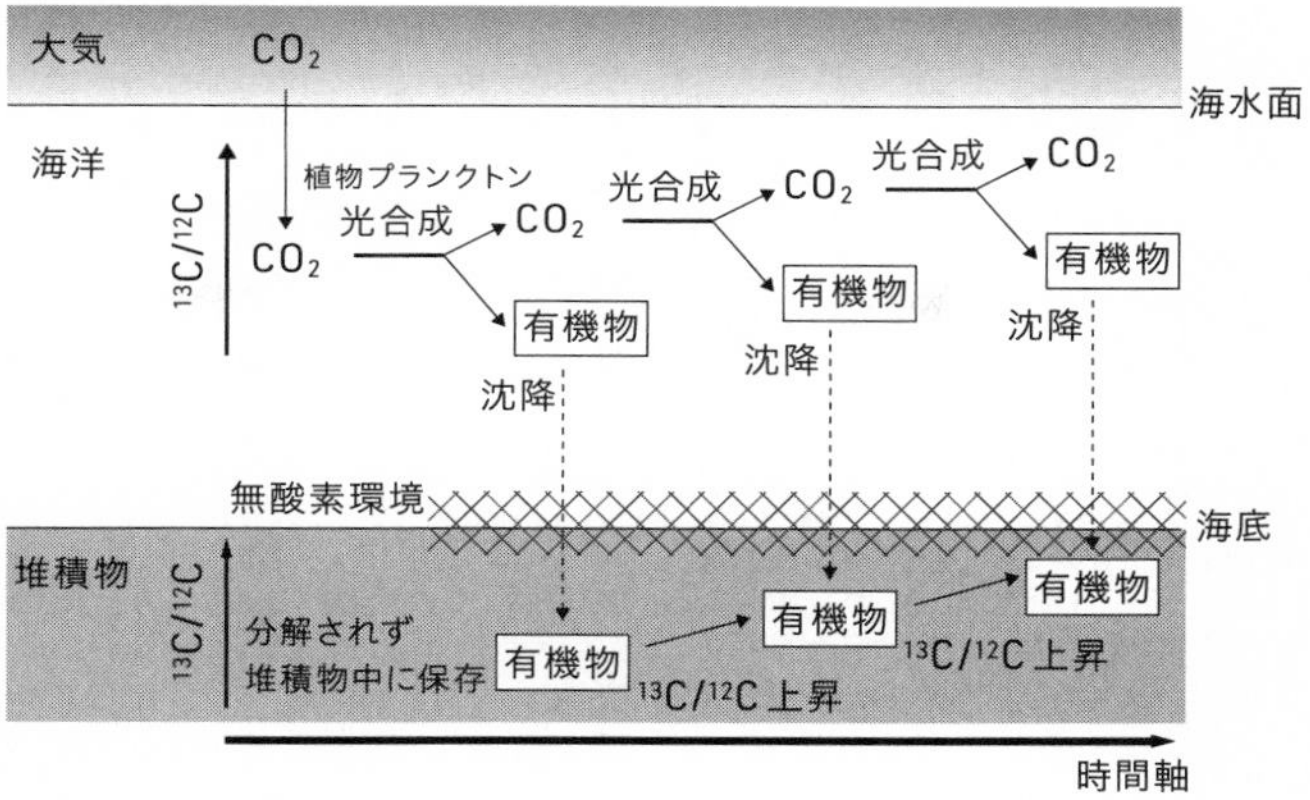

図2・6　堆積物に記録される炭素同位体比

で、植物プランクトンにより選択的に炭素12が取り除かれていくのは変わりない。しかし、深層で植物プランクトンに由来する有機物の分解が起こらないと、海水よりも炭素12に富む遺骸が堆積物となる。つまり、海洋全体としては表層水から炭素12が一方的に取り除かれていく（**図2・6**）。

すると、深層にもたらされる植物プランクトンの遺骸の炭素同位体比（$^{13}C／^{12}C$）は、徐々に高くなっていく。結果として、堆積物にふくまれる有機物の炭素同位体比は、時間の経過とともに上昇する。

ウィグナルらは、黒色頁岩中で新しい時代の有機物ほど炭素同位体比が上昇することから、海底の有機物が分解されないような、酸素に乏しい海底環境を考えた。彼らの研究以降、同様の炭素同位体比の上昇は、カナダの別の地域でも認められた[44]。広範囲にわたって酸素に乏しい海底環境が出現したことは、どうやら間違いなさそうだ。

無酸素化の理由——成層化した海洋

なぜ海底が無酸素化したのか。ウィグナルの研究グループは、当時の地球温暖化が関係したと指摘している。

まず前提として、三畳紀の気候は温暖で、赤道域から極域までの気温勾配も比較的緩やかだった。極域に氷床がなかった点も現代とは大きく異なる[45]。極域に氷床がないと、高緯度の海域で冷たい表層水ができにくい。これは、当時の海洋循環を語るうえで重要である。

三畳紀の海洋では、高緯度での冷たくて重い表層水の沈み込みが起きにくかったため、海を鉛直方向にかき混ぜる循環が現在ほど活発には起こっていなかった。そのため、ただでさえ温暖な三畳紀の気候がさらに温暖化すると、高緯度での表層水の沈み込みはますます起きにくくなる。さらに、緯度による気温勾配も緩やかであるため、海洋循環はいよいよ緩慢になる。

結果として、しばらく放置したお風呂の湯のような、暖かい水が上、冷たい水が下にある「成層化した海洋」が出現する。ウィグナルの研究グループは、レーティアンの温暖化が海洋の成層化をもたらした結果、底層水に酸素が行き渡らなくなり、海底が無酸素化したと説明している[42]。

オリエント急行

ブラックベアリッジで得られる証拠にもとづき、海洋生物の小型化や絶滅につながるさまざまな説が唱えられてきた。しかも、たった八〇センチの厚さしかない黒色頁岩の層をめぐってである。この黒色頁岩には、海退による生息地の消失、海洋酸性化、無酸素化といった、「混沌とした世界」の異常な記録が閉じ込められていた。スモールワールドは、生物にとって平穏からはほど遠い世界であった可能性が高い。

この推測は、スミソニアン国立自然史博物館の古生物学者ダグラス・アーウィンが名づけた「オリエント急行の殺人仮説」を思い起こさせる。[46] アーウィンは、九六パーセントの種が絶滅したペルム紀末の大量絶滅（二億五二〇〇万年前）について、火山噴火、海洋の無酸素化、酸性雨、気候変動、海底からの大量のメタン放出など、多くの原因が複合的に影響をおよぼしたと考えている。そしてこれを、アガサ・クリスティのミステリー小説にちなんで、「オリエント急行の殺人仮説」と名づけたのである。なぜこの小説のタイトルが仮説の名にふさわしいのか、多くの読者がお気づきだろう。念のため、小説のネタバレを避けて、これ以上の説明はしないでおこう。

では、「複数の原因で生物は小型化し絶滅した」とみなしてもよいだろうか。たしかに海退、海洋酸性化、無酸素化を示唆する証拠は、世界各地の地層から報告されている。それぞれの変化が、海洋生態系に強いストレスを与えただろう。

ただ、議論を進める前に一つ、読者のみなさんが気になっているであろうことがらに触れておこう。これらの環境変動を起こした〝犯人〟についてである。私は、小型化や絶滅がどのようにして起こったか、その〝犯行の手口〟や〝死亡原因〟の解明に強い関心をもっているものの、肝心の犯人については検討を後回しにしていた。

比喩的な表現になってしまうが、三畳紀末に大事件を起こした犯人の目星はほぼついている。この犯人が起こした事件は、あまりにも規格外の出来事だったため、何の環境変化も起こさないことなどありえない。

第3章

犯人

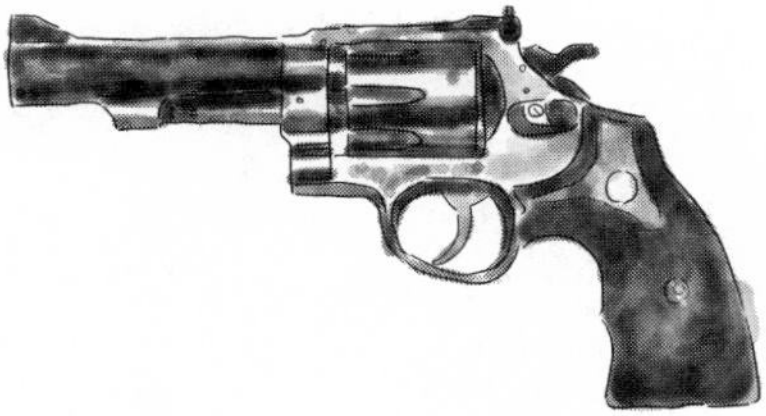

キャンプの父

二〇一七年五月、パドヴァ大学での研究生活が板についてくると、マニュエル・リゴと彼の研究仲間と一緒に昼食をとるのが日課になっていた。バールの外に置かれたテーブルからは、大学の目抜き通りを見渡せる。

「見ろ。彼がアンドレアだ」

キャンパス内から論文片手に出てきた男を、リゴがあごで指した。がっしりとした体格で、茶色のあご髭は、陽の光で赤みがかって見える。彼があのアンドレア・マルツォリか。

パドヴァ大学のアンドレア・マルツォリは、火山学の専門家である。その後もしばしばキャンパス内で見かけたが、私がパドヴァ大学にいた間は、いつも論文を片手に歩いていた。昼食どきに同じテーブルを囲むこともあったが、物静かで、たまに笑顔を見せつつも、ちらちらと論文に目を落としている。

マルツォリは、「CAMP《キャンプ》」と呼ばれる地域の研究で有名だ。ＣＡＭＰとは、Central Atlantic Magmatic Province（中央大西洋マグマ地域）の頭文字をとった略語であり、マルツォリ自身が一九九九年に提唱した、地球史上最大級の火成活動が起こった地域の名前である。[47] リゴが彼を〝ＣＡＭＰの父〟と呼ぶゆえんである。

バールから大学にもどった私は、アンドレア・マルツォリの膨大な研究業績を振り返ってみることにした。彼の研究史を追えば、スモールワールドの謎を解くヒントが得られるかもしれないし、今後彼と議論する際にも役に立つだろう。私は彼の論文を、新しいほうから古いほうへとさかのぼって読んでいった。

史上最大級の火成活動

マルツォリはイタリア北東部に位置するトリエステ大学で、カメルーンの火山岩についての研究をおこない、一九九六年に博士の学位を取得した。その後は、カリフォルニア大学バークレー校年代学センターのポスドク研究員（博士号を取得した学術研究員）となった。ここで彼は、大きな発見をする。

大西洋に面するアメリカの東部や、ブラジル、スペイン、モロッコには、玄武岩質のマグマが地表に噴出してできた溶岩や、地表まで達せずに地中で冷え固まった貫入岩が、広い範囲に分布する。これらの溶岩や貫入岩を形成した火成活動については、ある仮説が提唱されていた。

その仮説とは、先の国々にみられる溶岩や貫入岩は、巨大な大陸が分裂をはじめたときに起きた大規模な火成活動の名残である、というもの。三畳紀の直前のペルム紀とよばれる時代には、

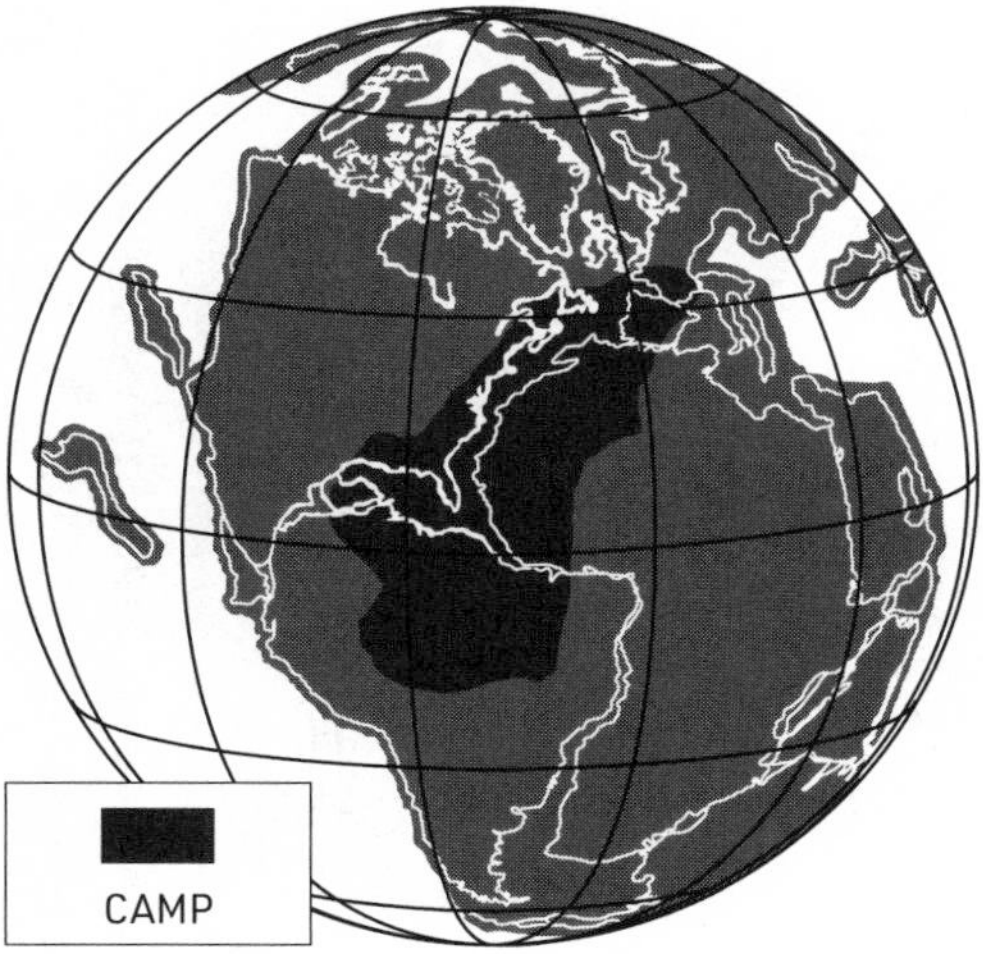

図3・1　三畳紀末のパンゲア大陸で噴出したCAMP玄武岩の分布

現在は分散する大陸が合体して、一つの超大陸「パンゲア」を形づくっていた（第1章コラム2参照）。そしていまから約二億年前に、この超大陸が中央部から裂けはじめた。

たしかに、大陸移動の歴史をさかのぼると、大西洋が閉じるせいで、溶岩や貫入岩の分布が一つの地域に集まる（**図3・1**）。この地域がＣＡＭＰである。

問題は、ＣＡＭＰを形成した火成活動が起きたタイミングだ。一九九〇年代までは、アメリカ東部の溶岩や貫入岩については、いまから約二億年前に形成されたことが知られていたものの、そのほかの地域のものにかんしては、信頼のおける年代データはなかった。[48]

マルツォリは、バークレー年代学センターにおいて、ブラジル北部やモロッコにみられる溶岩と貫入岩の年代を測定した。岩石の年代測定には、同位体を利用する。マルツォリが研究に用いたのは、質量数40のアルゴンと質量数39のアルゴンを利用した「アルゴン‐アルゴン法」による年代測定である。[※4] バークレー年代学センターには、このアルゴン‐アルゴン法の専門家であるポール・レニがいた。マルツォリはレニとともに、各国の溶岩と貫入岩の年代測定を進めた。

すると驚きの結果が得られた。各国に分布する溶岩と貫入岩の年代が、約二億年前をピークとした一億九一〇〇万年前から二億五〇〇〇万年前の範囲に、ぴたりと収まったのである。年代データは、七〇〇〇万平方キロにもおよぶ広大な地域で、マグマの噴出や貫入が、数百万年という比較的短期間に起こったことを意味していた。

CAMPにおけるマグマの噴出量は、過去に例がないほど大きい。たとえば、この研究以前に知られていた最大級のマグマ噴出としては、いまから約二億五〇〇〇万年前にロシア中央部で起

※4 質量数40のアルゴンは、放射性同位体元素である質量数40のカリウムが放射壊変することで時間とともに増えていく。そのため、岩石中の質量数39のアルゴンとの比をとることで、年代測定に利用できる。

こった「シベリアン・トラップ」の火成活動が挙げられる。[49] しかし、このシベリアン・トラップの噴出したマグマでさえ、分布する面積は三四〇万平方キロ、すなわちCAMPの半分程度にしかならない。

引き金

一九九九年当時、マルツォリは、CAMPにおける火成活動が三畳紀末大量絶滅の引き金となったのではないか、というアイデアをもっていた。[47] それには理由がある。

一九九〇年代、マルツォリがポスドク生活を送ったバークレー年代学センターの研究グループが、ペルム紀末大量絶滅の年代とシベリアン・トラップの火成活動の年代とが、測定誤差の範囲内で一致することを見いだしていた。[49][50] その研究を率いたポール・レニは、シベリアン・トラップから放出された火山ガス（たとえば二酸化炭素）がさまざまな気候変動を引き起こし、ペルム紀末の大量絶滅へとつながった可能性に言及している。

CAMPは、シベリアン・トラップの約二倍のマグマの噴出量をもつ。そのためCAMPの火成活動も、三畳紀末絶滅の引き金として十分な可能性を備えていた。※5 マルツォリがCAMPを提唱した次の年には、カナダ西部の三畳紀／ジュラ紀境界（以下、T／J境界：Triassic/Jurassic boundary）に近い火山灰層について、一億九九六〇万年前という正確な年代値が報じられた。[51]

これは、およそ二億年前に起きた三畳紀末絶滅とCAMPの火成活動との間には、地質学的にはほとんど問題にならないほどの時間しか空いていないことを意味すると解釈された。[52]

一方で、一部の層序学者や古生物学者は、絶滅と火成活動が同時に起こったとする見方に対して疑問を抱いていた。とくにアメリカ東部では、CAMP火成活動はT／J境界よりも後に起こっていたことが、ある古生物学者により明らかにされていた。

ある古生物学者の視点

子供の頃に熱中したものや好きだったものを、大人になっても好きであり続け、生涯の仕事とした人は、いったいどれくらいの割合でいるのだろうか。この手の話には、古生物学者がたびた

※5　この説には問題もあった。一九九〇年代当時は、三畳紀／ジュラ紀境界（T／J境界）の年代がきちんと決まっておらず、CAMPの火成活動と三畳紀末絶滅との間のタイミングについて議論の余地があったのだ。当時のT／J境界の年代としては、二億八〇〇万年前（誤差七五〇万年）とするものや、二億五七〇万年前（誤差四〇〇万年）とするものが提案されていた。そのため、マルツォリが明らかにしたCAMP火成活動のピーク年代（二億年前）とT／J境界の年代との間には、五〇〇万年以上のずれがあった。

び登場する。ポール・オルセンもその一人である。

コロンビア大学の古生物学者ポール・オルセンは、一九五三年ニューヨークのマンハッタンで生まれた。子供向けの本に書かれた恐竜の名前をすべて知っていた化石好きの少年は、ニュージャージー州のリビングストンで育った。[53]

高校生のとき、自宅近くの古い採石場「ライカーヒル」で恐竜の足跡化石が見つかったのを知ると、彼は現地のアマチュア古生物学者と友人の助けを得て、採石場の化石保存キャンペーンに乗りだした。ついにはリチャード・ニクソン大統領に「採石場の開発をやめてほしい」と訴える手紙を書き、恐竜の足跡化石の模型とともに送った。[54] 大統領の支援は実現し、ライカーヒル化石発掘現場は、一九七一年に国定自然史跡に指定された。

その年の写真雑誌『ライフ』には、オルセンが友人と一緒に写る写真が載り、「二人の友人の小さな助けで、恐竜ついに一勝を獲る」という記事が取り上げられた。[55] オルセンは大統領表彰まで受け、一躍有名人となった。

オルセンは、一九八四年に提出した学位論文を通して、「ニューアーク超層群」と呼ばれるアメリカ東部の地層の年代や化石について詳しく検討した。[56] 彼はこの研究で、陸上の四肢動物の間で三畳紀末に大きな絶滅が起こっていたことに気がついた。[57]

オルセンは一歩進んで、絶滅の原因を追究しはじめた。[58] ニューアーク超層群では、後にCAMPと名づけられる地域からの溶岩噴出は、決まってT／J境界より後に起こっている。したがって溶岩噴出は、三畳紀末絶滅と直接の関係はない。絶滅の原因が、ほかになにかあるのだろうか？

天体衝突説

オルセンらにより三畳紀末絶滅が認識されはじめた一九八〇年代は、地球科学界で大論争が巻き起こっていた。物理学者でノーベル賞受賞者でもあるカリフォルニア大学バークレー校のルイス・アルヴァレスが、六六〇〇万年前の白亜紀末大量絶滅の原因を、直径一〇キロメートルの小惑星衝突に求めたのである。[59]

ルイス・アルヴァレスが小惑星衝突説を唱えた根拠として、イタリア・グッビオにある白亜紀／古第三紀境界の地層から、イリジウムと呼ばれる元素の異常濃集を発見したことがあげられる（**図3・2**）。イリジウムは、地球表層の岩石にはほとんどふくまれない。一方、地球に落下する隕石の約九割を占める「コンドライト質隕石」には、地表表層の岩石に比べて、二万倍もの濃度でイリジウムがふくまれる。

そのため、コンドライト質隕石と同じ成分をもつ小惑星が衝突すると、衝突地点から地球全体

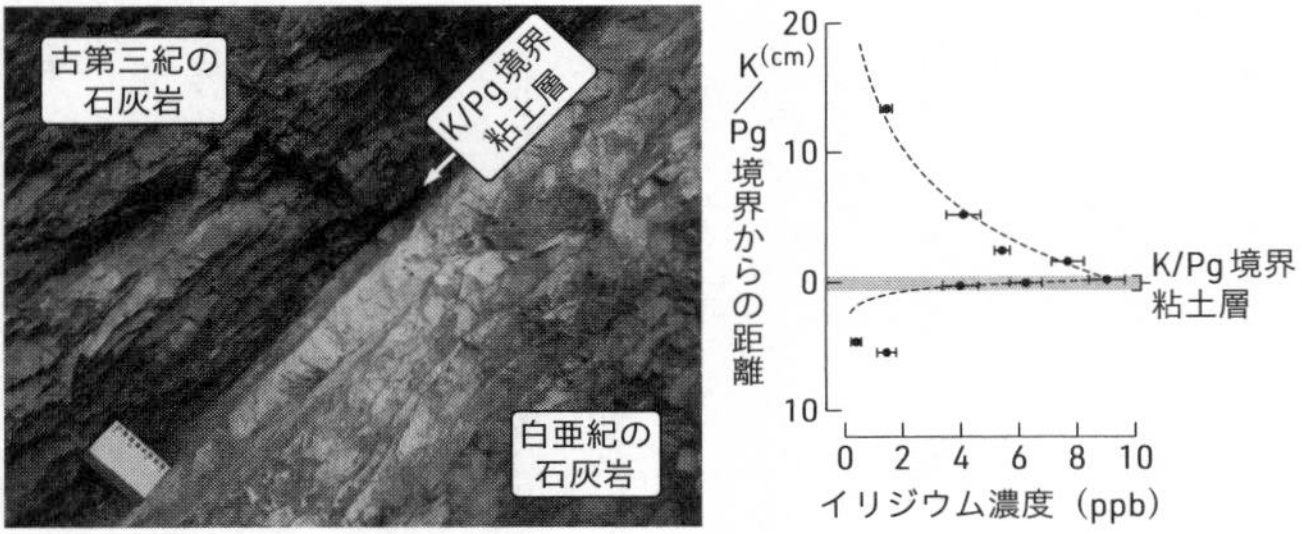

図3・2 白亜紀／古第三紀境界の露頭写真（イタリア・グッビオ）とイリジウム濃度

にまき散らされた超高濃度のイリジウムが、薄いヴェールのように地表面を包み込む。結果的に、直径が数キロを超えるような小惑星の衝突が起こった時代には、世界中のあらゆる場所で、イリジウムを豊富にふくむ地層が形成される。※6

＊

オルセンは、もしかすると三畳紀末の絶滅も天体衝突によるものではないか、と考えるようになっていた。というのも、三畳紀の後半にできたクレーターの存在が、北米大陸やユーラシア大陸からいくつか報告されていたためである。とくにカナダのケベック州で見つかったマニクアガン・クレーターは、直径が九〇キロもある巨大クレーターである（図3・3）。

「マニクアガン衝突とT／J境界の絶滅は、明らかに天体衝突による大量絶滅説に重要な挑戦を投げかけている」[58]

オルセンは一九八七年の論文で、天体衝突の証拠探しに乗

図3・3｜マニクアガン・クレーター（カナダ）の衛星写真

り出すと宣言した。一九九二年には、「衝撃石英」と呼ばれる、天体衝突によって形成された粒子が、三畳紀末の地層から発見された（コラム3）。この発見も、彼の研究を後押しした。[60]

しかし、一九九三年にマニクアガン・クレーターについて、「ウラン－鉛法」による精度のよい年代測定の結果が報じられると、残念ながらオルセンの目論みが外れたことがわかった。二億一四〇〇万年前と決定されたマニクアガン・クレーターの年代は、T／J境界の年代より一二〇〇万年以上も古かった。

※6 小惑星衝突の証拠には、白金族元素と呼ばれる六元素（イリジウム、オスミウム、ルテニウム、パラジウム、ロジウム、白金）すべての異常濃集を検出する必要がある。

この巨大なクレーターは、三畳紀末絶滅の容疑者からは除外され[※7]、天体衝突の証拠探しは、しばらく落ち着いたかのようにみえた。

イリジウムとシダ胞子

だが、二〇〇〇年代に入ると、天体衝突説が再燃する。きっかけは、オルセンによるイリジウム濃集層の発見だ。

イリジウムの濃集は、ニューアーク超層群のT／J境界をなす粘土層から見つかった[61]。オルセンが報告したイリジウム濃度は、ルイス・アルヴァレスらがイタリア・グッビオの白亜紀／古第三紀境界について報告したものよりも、一〜二桁小さい。そのため、堆積環境の微妙な変化による元素の移動など、地球表層のプロセスでイリジウム濃集が起きた可能性も排除できない。しかしオルセンは、T／J境界粘土層中のイリジウム濃度と、ほかの微量元素の濃度との間に相関が見られなかったため、イリジウム濃集の原因を天体衝突に求めた。

オルセンはまた、このイリジウムが濃集した粘土層に、おもしろいものを見いだした。シダ植物の胞子の増加である。イリジウムの濃集にともなうシダ胞子の増加（**図3・4**）は、世界各地の白亜紀／古第三紀境界からも報告されていた。この事実は、天体衝突により陸上植物が一掃さ

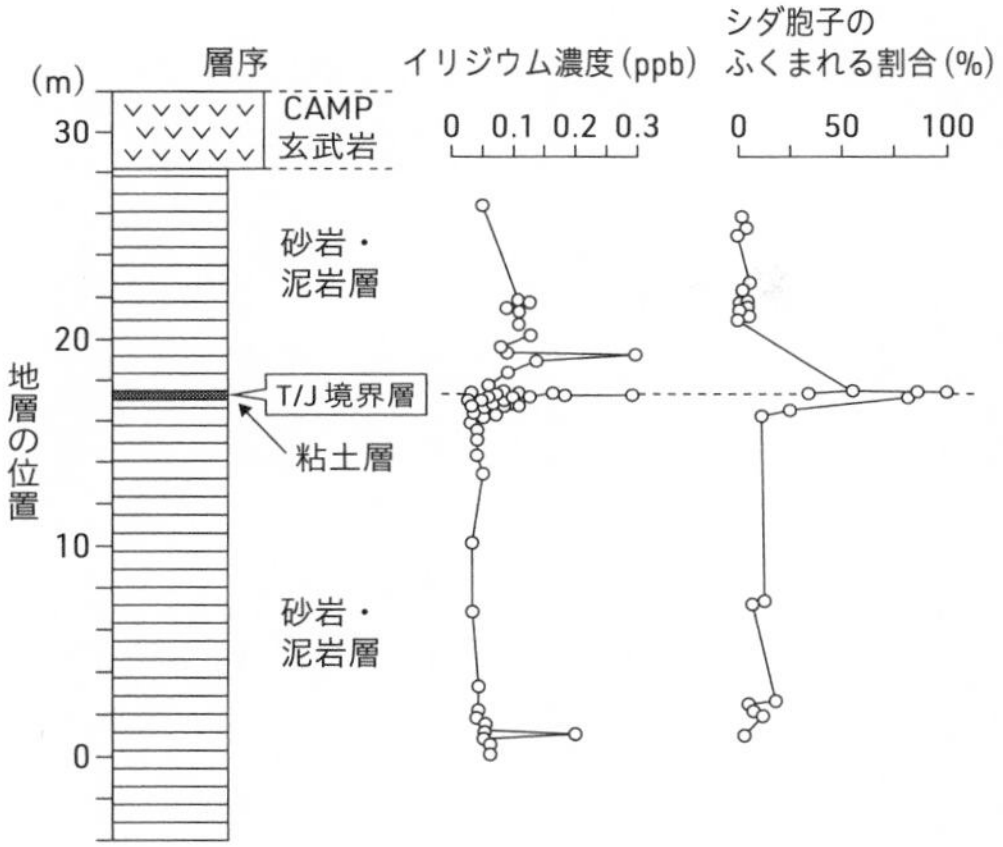

図3・4 ニューアーク超層群に記録されたT/J境界、CAMP溶岩噴出、イリジウム濃集、シダ胞子増加の年代関係

れてしまった後、荒廃した大地の上をシダ植物が被いつくしたことを示唆する。[62][63] また、多くのシダ植物が低照度の林床に生育することから、衝突によりクレーターからまき散らされた微粒子による日光遮蔽が、さらなるシダ植物の繁茂を導いたとみなされた。

そしてオルセンは、このシダ植物の胞子増加は、白亜紀／古第三紀境界と同じく、天体衝突による陸上植生崩壊の余波を表していると解釈した。

※7 天体衝突により、マニクアガン・クレーターから放出された物質からなる堆積物は、その後、岐阜県坂祝町の後期三畳紀のチャート中から発見されている(文献［64］)。

オルセンによる「T／J境界の天体衝突説」を検証する方法は二つある。一つは、世界各地のT／J境界から衝突の証拠を探すことである。オルセンのみならず、研究者たちはふたたび調査に動きだした。私もその一人である。[65]

もう一つの検証方法は、三畳紀末に衝突したクレーターを特定することだ。これについては、候補となる興味深いクレーターが、フランスから発見された。

異質なクレーター

フランス南部の小さな町ロシュシュアールは、天体衝突により形成されたクレーター内部に市街地がある。衝突当時のクレーターの直径は、四〇〜五〇キロメートルと推定されている。

その形成年代が二〇一〇年に報告されると、オルセンは、クレーターから比較的近いイギリス西部の地層をおとずれ、詳しい調査に乗り出した。[54] 報告されたロシュシュアール・クレーターの年代は、二億一〇〇万年前で、年代測定の誤差はプラスマイナス二〇〇万年である。当時のT／J境界の年代（二億年前）とは、誤差の範囲内で一致していた。[66]

詳しい読者は、「直径四〇〜五〇キロくらいのクレーターをつくる衝突では大量絶滅は起こらない」と思われただろう。たしかに、シカゴ大学のデイヴィッド・ラウプが一九九二年に示した

「殺戮カーブ（Kill Curve）」と呼ばれる物騒な関係式によると、このサイズのクレーターから期待される種の絶滅率は二〇パーセント以下と低い[67]（**図3・5**）。しかし、ロシュシュアールにはユニークな点がある。それは、「鉄質隕石」の組成をもつ天体が衝突してできたことだ[68]。

直径が数十キロを超えるような巨大クレーターをつくった衝突天体は、「コンドライト質隕石」の組成をもつものがほとんどである。鉄質隕石の衝突による巨大クレーターは、このロシュシュアールくらいしか知られていない。

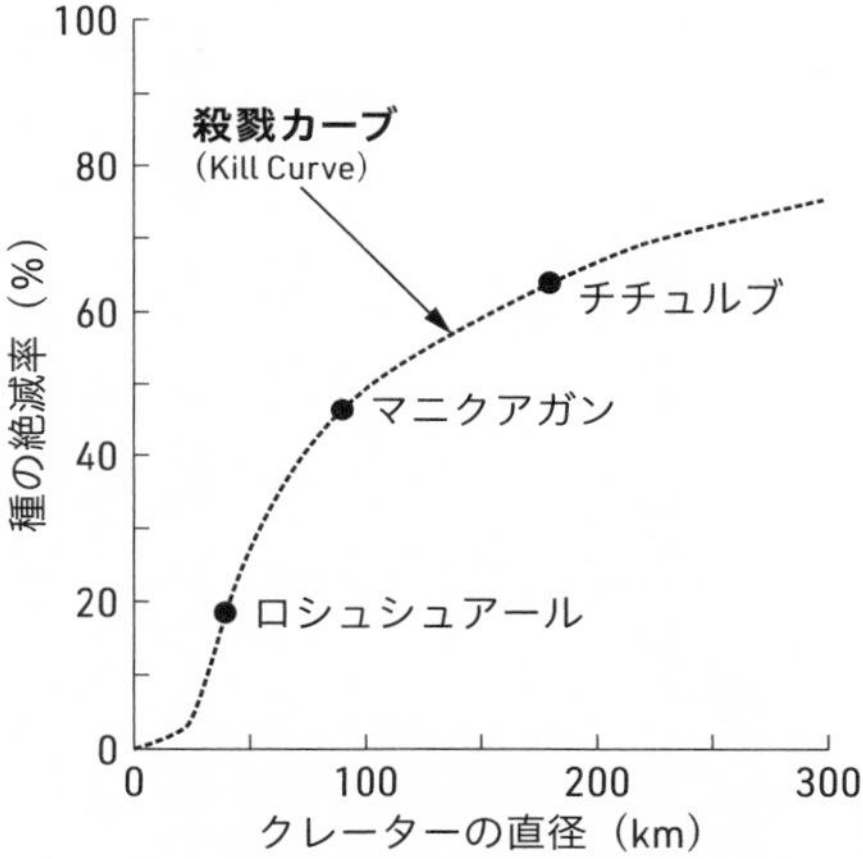

図3・5｜殺戮カーブとロシュシュアール、マニクアガン、チチュルブのクレーターの直径

鉄質隕石の組成をもつ天体の衝突が、地球環境に与える影響は未知数である。おそらく衝突により蒸発した金属が、高度三〇～五〇キロの中間圏の金属濃度を変化させるといった、大気組成の変化が起こるだろう。ただ、地表で何が起こるかはまったくわからない。

また、コンドライト質隕石の組成をもつ衝突天体に比べると、鉄質のものは密度が倍以上もある。そのため、ある計算によると、直径二キロで鉄質隕石の組成をもつロシュシュアールの衝突天体がもたらしたエネルギーは、マグニチュード一一・四〜一一・五という、ありえないほどの巨大地震を起こしたと推定される。[66]

実際にそのような地震の痕跡は、地層の記録として残されているのだろうか？ じつは、ロシュシュアール・クレーターの年代が決定されるよりも前に、天体衝突による巨大地震の存在に気づいていた地質学者がいた。

巨大地震の痕跡

北アイルランド国立博物館で地質学の学芸員を務めるマイケル・シムズは、二〇〇三年に、イギリス中南部に分布する三畳紀末の地層から、変わった形の堆積物を発見した。[69][70]「**海底地滑り**」により、本来水平になるはずの地層が変形し、曲がりくねった構造をしたもので、「スランプ堆積物」とよばれる。

スランプ堆積物は、局所的に起こる海底地滑りの痕《あと》なので、通常広い範囲ではみられない。ところがシムズが見つけたスランプ堆積物は、イギリスの少なくとも二五万平方キロという広大な面積に分布しており、しかも三畳紀末とまったく同じタイミングで発生していた。

「このような広範囲で海底地滑りを引き起こす要因は、マグニチュード一〇を超えるような巨大地震しかない」

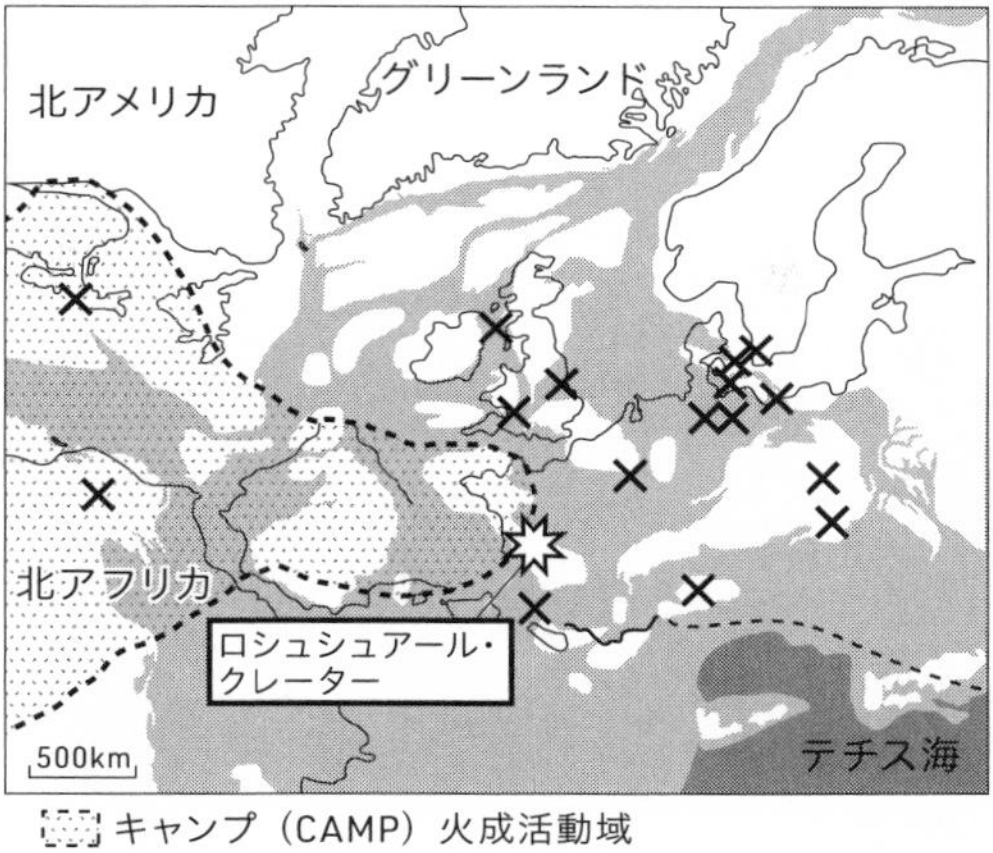

図3・6　ロシュシュアール・クレーターの位置と海底地滑りが報告された場所（×印）

シムズは、当時起こった天体衝突が大地震を発生させたと推定した。

さらに彼は、イギリス南部においては二枚貝の絶滅が、まさにこのスランプ堆積物の形成とほぼ同時期に起こっていたことに気がついた。そのため彼は、天体衝突により、大規模な海底地滑りと大量絶滅が引き起こされたと考えた。

シムズの発見以降、同様のスランプ堆積物はヨーロッパの一〇ヵ国から報じられた[71]（図3・6）。これほどの広範囲で海底地滑りを起こそうとすると、直径二キロの鉄質隕石を秒速二五キロで衝突させる必要がある[66]。この衝突では直径四〇～五〇キロのクレーターが形成されるので、ロシュシュアール・クレーターのサイズとぴったり合う。海底地滑りの原因をロシュシュアール衝突に求めるのは、突拍子もないアイデアではなさそうだ。

調査の行方

二〇一〇年に調査のためイギリスに渡ったオルセンは、ウェールズ海岸の崖にみられる地層の前に立っていた。よく観察すると、砂で埋まった亀裂や不規則な大きさの岩石が堆積している層が見える。この層こそ、天体衝突が引き起こしたと思《おぼ》しき海底地滑りの痕跡だ。オルセンは雨や雷をものともせずハンマーを振るった。[54]

当時私たちの研究グループも、岐阜県坂祝町のチャートを対象に、三畳紀末の天体衝突の証拠探しに乗り出していた。三畳紀末に堆積したチャートをすべて採取して分析すれば、きっと天体衝突の証拠が見つかるはずだ。発見は時間の問題に思われた。

ところが、私たちの研究では、何も見つからなかった。日本のチャートが堆積した場所は、フランスの衝突地点（ロシュシュアール）から遠いため、衝突のシグナルを見落としてしまったのかもしれない。海外の研究にも注意を払っていたが、三畳紀末の地層から衝突の証拠が見つかったという報告は、結局その後も聞こえてこなかった。[72]

ずいぶん後の話になるが、マニュエル・リゴとの共同研究をスタートした二〇一七年になって、その理由がわかった。以前報告されていた二億一〇〇万年前というロシュシュアール・クレーターの年代は、衝突とは無関係の熱水活動を記録した年代だった。[73][74] 確実に衝突時にできたといえる鉱物を対象に、アルゴン－アルゴン法による年代の再測定がおこなわれた結果、ロシュシュアール・クレーターの形成年代は、二億七〇〇〇万年前と決定された。三畳紀末絶滅より五〇〇万年以上も古かったのだ。

その後、私たちが二億七〇〇〇万年前頃に堆積したイタリア南部の地層を研究すると、たしかに衝突によるイリジウムや、衝突天体由来の白金族元素（たとえばオスミウムやルテニウム）の濃集層が見つかった。[75] そのイリジウムの濃集層では、絶滅の痕跡は確認できない。結局のところ、ロシュシュアール衝突による生物の絶滅はなかったのだ。あまりにもあっけない幕切れである。

＊

状況証拠

ロシュシュアール・クレーターの正確な年代が判明した二〇一七年、この衝突による三畳紀末絶滅説は潰《つい》えた。絶滅と年代の一致するクレーターを失った天体衝突説は、まさに画竜点睛《がりょうてんせい》を欠いた状態にあった。アンドレア・マルツォリのCAMP説とポール・オルセンによる天体衝突説は、マルツォリの説に軍配があがったとみてよさそうだ。

ただこの年までに、CAMP説が有力な証拠を積み重ねてきたかというと、けっしてそうではない。依然として、CAMP溶岩は三畳紀末絶滅より後に噴出したものしか見つかっておらず、絶滅に一番近いものでも、一万三〇〇〇年の隔たりがあった。[76] 一万三〇〇〇年は、地質学的にはほんの一瞬と言える長さであるため、「絶滅と最古の火成活動は同時期」とする主張もなされた。[76] 一方で、さまざまな地域で観察しても、三畳紀末絶滅より前に噴出した溶岩は見つからなかった。[77]

アンドレア・マルツォリの研究グループは、絶滅より前に火成活動が起こった状況証拠を集めることに集中していた。たとえば、グループの一員であるパドヴァ大学のヤコポ・ダルコルソは、モロッコの地層では三畳紀末絶滅が起こるより前に、堆積物の化学組成が玄武岩質なものへとシフトしたと報告している。そしてその組成の変化は、三畳紀末絶滅より前にCAMP火成活動が起こった証《あかし》であるとみなした。[78]

また、マルツォリの弟子の一人であるサラ・カレガロは、「ストロンチウム（Sr）」と呼ばれる原子番号38番の元素を利用して、CAMP火成活動の開始時期を突き止めようとしていた。ストロンチウムは、その特徴として、中性子の数が異なる質量数84、86、87、88の四種類の安定同位体をもつ。このうちストロンチウム86に対するストロンチウム87の同位体比（$^{87}Sr/^{86}Sr$）は、大陸上の岩石に比べて、マントル起源の火山岩で低い値をとることが知られている。

カレガロが地層中にふくまれるストロンチウム同位体比を調べたところ、大量絶滅の直前に最も低い値が得られた。[79] 彼女は、CAMP火成活動が絶滅の直前に最盛期を迎えたために、地層に低い同位体比が記録されたとみなした。

海底地滑りを示すスランプ堆積物にかんしても、CAMP火成活動に関連した地震とみなす研究者まで現れた。[71] しかしいずれの研究にしても、絶滅より前に火成活動が起こった「状況証拠」どまりだ。ただ、地球上の生物を一掃するような出来事もほかに見つからなかったため、CAMP説はしだいに受容されるようになっていった。

正確な時刻

マルツォリやオルセンの研究史を追っていくと、いくつかの課題が浮き彫りになった。「スモールワールド」の実態を把握するためには、まずはCAMP火成活動や環境変動の正確な〝時刻〟を把握することが必要だろう。全体としては、の線が浮上しているが、本当にこの順序でことが進んでいったのだろうか。それぞれが起きた時刻を詳しく知る必要がある。

これらの事象の時刻や前後関係を明らかにするためには、世界各地の地層を調べることになるので、各国共通の「時間の物差し」が必要となる。そしてその物差しには、同時刻であることが保証された目盛りが刻まれていなければならない。

二〇〇七年になって、国際層序委員会と呼ばれる機関が、T／J境界をふくむ時間の物差しの作成に乗り出した。そしてこのときつくられた物差しが、後に三畳紀末絶滅研究を混乱させる元凶となった。

コラム 3 謎の衝撃石英

T／J境界における天体衝突の証拠探しをはじめたのは、オルセンだけではなかった。[80] 一九九二年には、天体が地球へ衝突したときの衝撃でできた「衝撃石英」※8と呼ばれる鉱物が、イタリアの三畳紀末の地層から、何層にもわたって発見された。[81]

しかし、一度の衝突でまき散らされたはずの衝撃石英が、地層中の複数の位置から見つかるのはおかしいとの指摘がなされた。[82] またイタリアからの報告を受けて、ニューアーク超層群のT／J境界においても調査がおこなわれた。しかし結局、衝撃石英は見つからなかっ

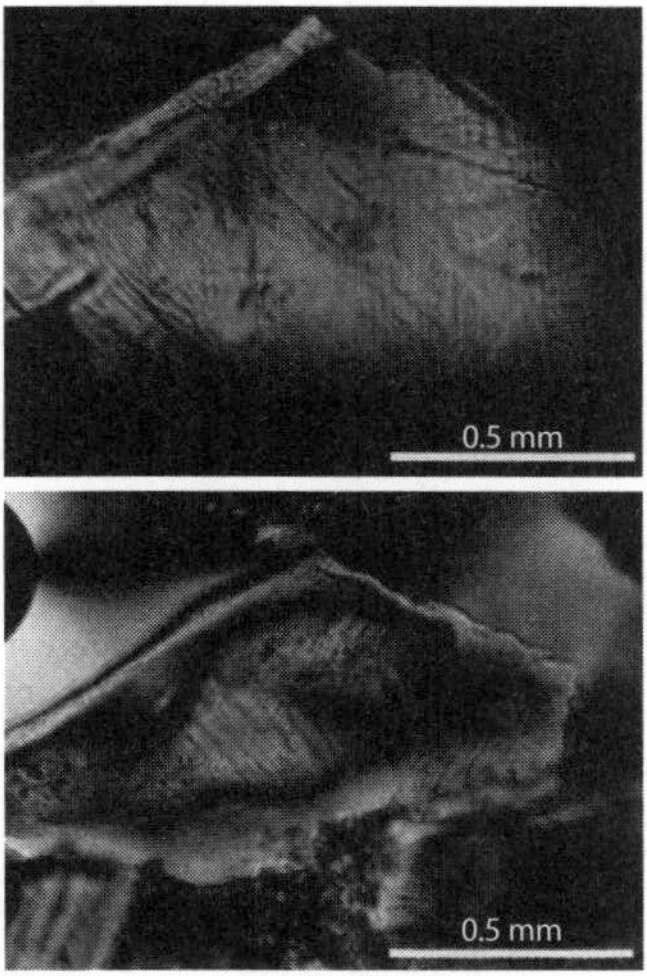

｜図｜**イタリアの三畳紀末の地層から見つかった衝撃石英の写真**

石英粒子中の平行線模様は「ショック・ラメラ」と呼ばれており、これらは衝撃圧縮を受けたことで形成されたと考えられている。

※8　一九六〇年代後半に、クレーター内部の「石英」という鉱物の中に、特殊な縞模様をもつ構造が発見された（文献［84］）。通常一つの石英粒子の中では、平行な縞模様が特殊な角度をもって交差している。縞模様は、瞬間的な衝撃や加熱により、石英が溶けてガラス化したことにより形成されたと考えられる。

……た。[83]
イタリアから見つかった衝撃石英の起源については、いまなお謎に包まれている。
……

第4章

指紋

消えたサンゴ礁とT／J境界

二〇一七年にイタリアでの研究をスタートした私は、どうしても調査したい地域があった。ミラノ北東部のロンバルディ地域である。この地の地層には、サンゴの絶滅にかんする記録が眠っている。

サンゴの情報は非常に重要だ。この生き物は、海水温、塩分、水素イオン濃度（pH）といったさまざまな海洋環境の変化に鋭く応答する。地球温暖化がサンゴの白化現象をもたらすというニュースを、一度は目にされたことがあるだろう。この生物の絶滅は、スモールワールドの実態解明に向けて、とくに慎重に取り扱う必要性がある。

そこで、ロンバルディ地域で長年調査をする、ミラノ大学のファブリオ・ヤドール博士のもとへ、リゴとともに挨拶に出向くことになった。前にも話したように、イタリアでは地質調査にとりかかる前に〝筋〟を通しておかなければ、今後の研究が大変なことになる。ベルガモの街にある彼の自宅をおとずれると、まず目に入ったのは玄関先に止められたホンダの赤いバイクCB1000だった。その迫力に緊張が走ったが、気さくな笑顔で出迎えてくれた彼は、食事をとりながら調査地域について教えてくれた。第一関門クリアである。

これでロンバルディの調査がスタートする。と同時に、ミラノ大学からの監視もスタートした。

図4・1 | ロンバルディの採石場と消えたT/J境界

以前は、矢印で指した岩相の変化する位置がT/J境界と考えられてきたが、現在はそれよりさらに上の「どこかに」T/J境界が存在するとされている。

三畳紀当時のロンバルディには浅い海が広がっており、サンゴ礁などの炭酸カルシウムの骨格をもつ生物が、炭酸塩堆積物を形成していた。現在は、この堆積物が固結してできた「石灰岩」が山々をつくっており、周辺には多くの石灰岩採石場がある。三畳紀末からジュラ紀にかけて堆積した地層は、採石場の中にある[85]~[87]。

ロンバルディの採石場で地層を観察すると、三畳紀からジュラ紀にかけて、石灰岩の見た目が急に変化することに気がつく（図4・1）。三畳紀の地層は、石灰岩の表面がでこぼこしており、地層特有の縞模様もはっきりしない。その理由は明らかだ。

三畳紀の地層には、大型のサンゴや石灰海綿からなる生物礁がふくまれる。そのほかにも、二枚貝や有孔虫といった、おなじみの生き物も多くみられる。三畳紀の海には、スキューバダイビングの光景でおなじみの、サンゴ礁の豊かな生態系が広がっていた。

一方ジュラ紀の地層は、厚さ数十センチから二メートルほどの層が整然と積み重なり、美しい縞模様をなしている。ジュラ紀の地層には、一見しただけでは、三畳紀の地層にふくまれるような大型の生物は認められない。非常に粒の細かい炭酸塩鉱物からなる地層が、延々と積み重なっている。

ロンバルディでは、石灰岩の見た目が急変する位置がT／J境界とされてきた。この位置を境にして、三畳紀のサンゴ化石はぱったりと見られなくなる。研究者の関心も、当然この境界に集中していた[86][87]。

ところが二〇〇八年を境にして、ロンバルディのT／J境界は、T／J境界ではなくなった。何を言っているのかよくわからないと思われるだろうが、とにかくこの地のT／J境界は、「GSSP」と名づけられた〝掟《おきて》〟により、どこかへ消え去ってしまったのだ。

最低のGSSP

「クーヨッホに行ったならわかるだろ。あれは最低のGSSPだ」

イタリアでのランチは、美味しいトマトパスタに悪口がつきものである。

マニュエル・リゴが話しているGSSPとは、地質年代の境界を規定するために選定された、世界で一ヵ所の場所である。正式にはGlobal Boundary Stratotype Section and Point、日本語では「国際境界模式層断面とポイント」という、ややこしい名前で呼ばれている。

いま話題にしているのは、T／J境界の基準となるGSSPである。※9 T／J境界のGSSPは、オーストリア西部のクーヨッホと呼ばれる山の尾根にある。[88][89] 登山道の整備されていない標高差五二〇メートルの山麓を、約二時間かけて登らなければたどり着けない。一度行ったらもう二度と行きたくない、地質学者泣かせのGSSPである。

お目当てのT／J境界は、人の手で地表の土が取り除かれた場所にのみ顔を出している（**図4・2**）。風雪による侵食から守るために、常時ビニールシートがかけられているが、保存状況はお世辞にもいいとは言えない。さらに、小さな断層が多数あり、最近では、本当に連続して堆積した地層かどうかについても疑問がもたれている。[90]

※9　厳密には、ジュラ紀最初の「ヘッタンギアン」と呼ばれる時代の基底を定義したGSSPであるが、本書では便宜的に「T／J境界のGSSP」と呼ぶ。

図4・2 クーヨッホにおけるT/J境界のGSSP

クーヨッホがGSSPに選定された理由として、ジュラ紀最古のアンモナイト化石種である「プシロセラス・スペラエ」が見つかっていることが大きい。[91] プシロセラス・スペラエが地層中で最初に出現する位置が、T／J境界のGSSPとして定義されている。しかし、このアンモナイトをT／J境界の基準としたことが、三畳紀末絶滅の研究を混乱させる原因となった。

問題は、プシロセラス・スペラエが、きわめてまれにしか見つからない化石種であるために生じる。二〇〇八年、国際層序委員会において、このアンモナイトの初産出層準をT／J境界とすることが決定された。[92] しかしその時点で、プシロセラス・スペラエは、世界でたったの二ヵ所からしか見つかっていなかった。そのため、この化石が産出しない地域では、どこにT／J境界があるのか決定できなくなってしまった。

さらにこのアンモナイト化石が、三畳紀末絶滅からの回復期に出現した種である点も混乱を招いた。[93] プシロセラス・スペラエが出現したのは、三畳紀末絶滅より少なくとも十万年は後だ。[94] そのため、ロンバルディのように三畳紀末絶滅が起こった位置をもってT／J境界としてきた地域では、[95][96] 境界がどこにあるのか、まったくわからなくなってしまったのだ。

研究者は、三畳紀末絶滅とT／J境界の位置関係を決めるための新たな「時間の物差し」を必要としていた。そして物差しの目盛りには、「炭素同位体」という、目には見えない〝元素の指紋〟が用いられることになった。

炭素同位体比の目盛り

第2章で少し解説したが、海洋の堆積物にふくまれる有機物には、炭素12（^{12}C）と炭素13（^{13}C）という二つの炭素同位体がふくまれる。炭素12に対する炭素13の比（^{13}C／^{12}C）は炭素同位体比と呼ばれる。地質時代には、この炭素同位体比が短期間で極端に低下するイベントが知られている。これを炭素同位体比の「負異常」と呼ぶ。

負異常の原因はさまざまだが、堆積物の炭素同位体比を手っ取り早く低下させるには、大気にふくまれる二酸化炭素（CO_2）の炭素同位体比を低下させればよい。その方法として、大気よりも低い炭素同位体比をもつ石炭・石油の大量燃焼や、火山起源の二酸化炭素ガスの放出など、いくつもの方法が提案されている。[97]〜[100]

地層中にふくまれる有機物の炭素同位体比に話をもどす。世界各地の同時代の地層から負異常が検出された場合、地球規模でなにか「特異なイベント」が起き、大気の炭素同位体比が改変されたとみなされる。この場合、地層中に刻まれた負異常は、同一時代であることを示す世界共通の「時間の物差し」の目盛りとして活用できる。

オックスフォード大学のステファン・ヘッセルボは、三畳紀末絶滅の研究が活発になった二〇〇〇年代、世界各地のT／J境界付近の地層に、二度の炭素同位体比の負異常がみられることに気がついた。[97] 負異常は、陸上で堆積した地層中にふくまれる植物化石にも記録されていた。この負異常の記録は、大気中にふくまれる二酸化炭素の炭素同位体比が地球規模で乱されたことを意味している。

彼が発見した二度の負異常は、T／J境界に近い位置から、それぞれ「メイン」「イニシャル」と名づけられた。その後の研究により、「イニシャル」のさらに前の時代に負異常が見つかり、「プレカーサー」と呼ばれるようになった。[101]

三つの負異常の原因については、現在も議論が続いている。しかし、世界中どの地域からも、基本的に三つの負異常が見つかるので[85][102][103]、これらは時間の物差しの目盛りとして活用できる。「プレカーサー」「イニシャル」「メイン」と名づけられた時間の目盛りは、この後も頻繁に出てくる。ややこしい名前なので、本書では古い時代のものから「ファースト（＝プレカーサー）」「セカンド（＝イニシャル）」「サード（＝メイン）」と呼ぶことにしよう（図4・3）。これら三度の負異常については、地層にふくまれる火山灰層などを用いた放射年代測定により、それぞれが何年前の時間目盛りなのかも、かなり厳密に明らかになっている[82]。

この新たな目盛りを頼りに、課題であった「ＣＡＭＰ火成活動」「環境変動」「スモールワールド」の年代と前後関係を明らかにしていこう。フィールドワークはしばらく中断し、いまは机に向かって考察を進めるときだ。

絶滅の時期

最初に、スモールワールドで起こった生物の小型化と絶滅の年代について整理する。まずは、ニューカレドニアやイタリア・シチリア島でみてきた、沿岸環境に生息する二枚貝から精査してみよう。

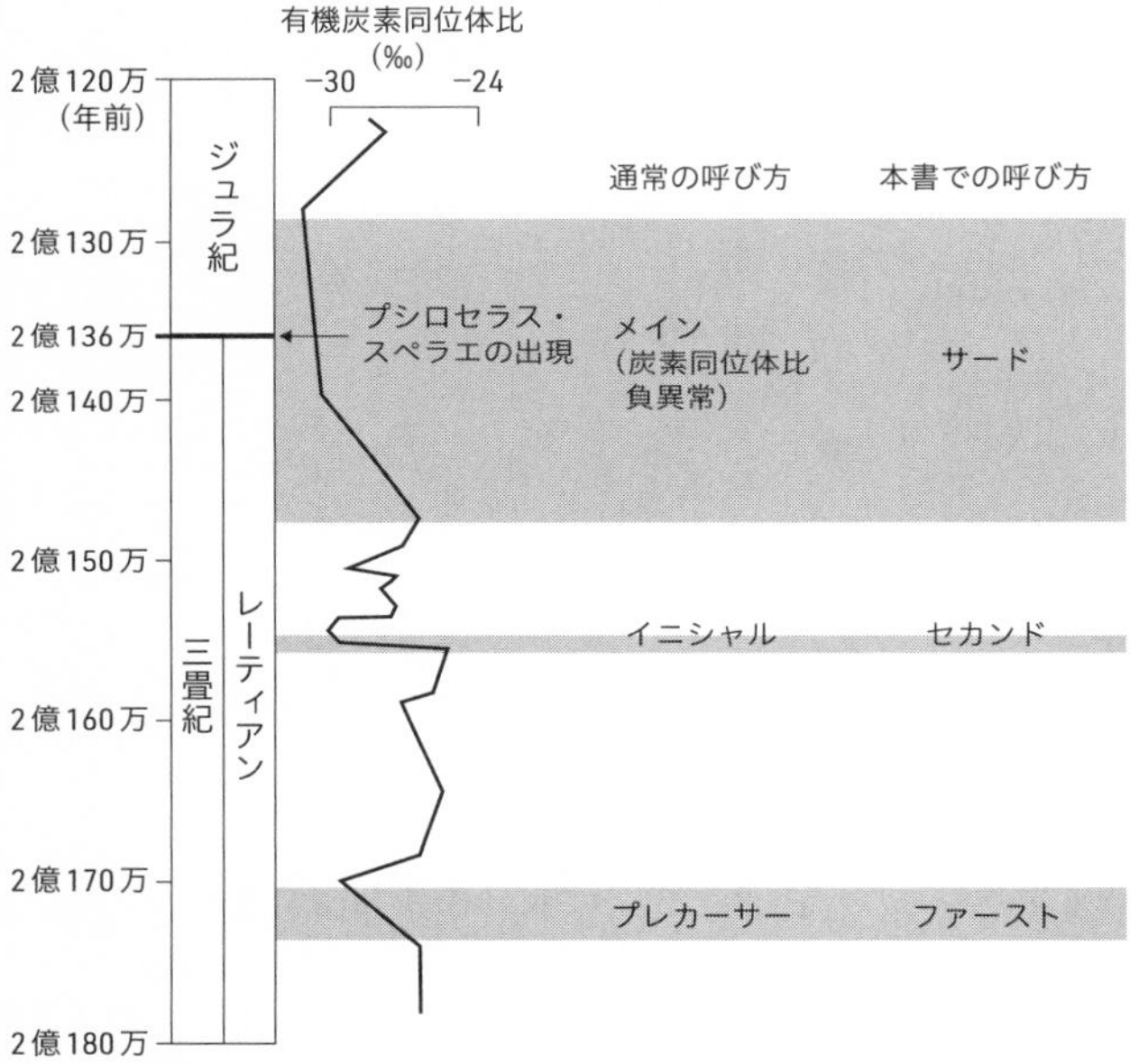

図**4・3**　**3つの炭素同位体比の負異常とT/J境界**

ここから先は、読者のみなさんも謎解きに挑戦してみてほしい。捜査に用いる時間の目盛りを記した地質年表は、図4・3に付している。

さて、一部の二枚貝、たとえばモノチスなどの薄い殻をもった貝のグループは、最も古い負異常である「ファースト」以前にすでに絶滅している。[13] シチリアで見たメガロドンの絶滅と炭素同位体比負異常との前後関係については、最近になってマニュエル・リゴの研究グループが明らかにした。[16] その研究によると、メガロドンは「セカンド」と同じタイミングで小型化し、「サード」の最中に完全に絶滅した。

そのほかの二枚貝化石の絶滅については、アントニー・ハラムやポール・ウィグナルのグループにより大規模な調査がおこなわれている。彼らの調査では、三畳紀末に確認された二七種の二枚貝化石のうち、二二種が「セカンド」のタイミングで絶滅していた。[104] また同じ時期に、「貝形虫《かいけいちゅう》（介形虫）」とよばれる、二枚貝に似た形の殻をもつ甲殻類も絶滅した。[104] 最近の研究では、「セカンド」を生き延びた二枚貝やカキが、「セカンド」直後に急激に小型化したこともわかっている。[18]

アンモナイトの絶滅にかんする解析は、アメリカのニューヨークキャニオンと呼ばれる地域で詳しくおこなわれている。[105]〜[107] その研究によると、レーティアンの末期まで生き延びていた比較的小型の七種のアンモナイトは、「ファースト」と「セカンド」に挟まれた期間に絶滅している。またT／J境界のGSSPのあるクーヨッホ周辺地域においても、レーティアン末に見つかる三種の小型アンモナイトは、「セカンド」までにすべて絶滅している。[107][108]

コノドントはどうか。リゴの検討では、「ファースト」のタイミングで比較的大型のコノドント属が絶滅したのち、生き残った小型のものも「セカンド」のタイミングで完全に絶滅する。[103][109]

最後に、光が届くような浅い海に生息していたサンゴについて検討してみよう。ほとんどの地域では「セカンド」で石灰岩の堆積が停止するため、サンゴもこの時期に絶滅したとみなされている。[106][110] リゴの研究グループは、私がイタリアをおとずれていた二〇一七年に、ロンバルディでは「セカンド」以降の地層には、三畳紀のサンゴ化石がふくまれないことを明らかにした。[85]

しかし、厳密に言うと、石灰岩の堆積が停止してしまった地層からは、本当にサンゴが絶滅したのかを判断できない。三畳紀末のサンゴ絶滅を強調する論文は、化石データベースをもとに議論されたものであり、[111]〜[113] 実際に露頭から絶滅の様子が記載されたことはない。

環境変動の時期

次に「海退」「海洋酸性化」「無酸素化」の発生のタイミングを整理してみる。

まずはっきりとわかるのは、海水面の低下、すなわち海退についてである。これは堆積物中に「不整合」として記録されている。不整合は、イギリスをふくむヨーロッパ各地や、アメリカ・ネバダ州、そしてカナダのブラックベアリッジで確認されている。[32][93][114][115] それらの報告によると、不整合を形成した海水面の低下が起こったタイミングは「ファースト」と同時期である。

海洋酸性化を記録する地層の特徴といえば、「炭酸カルシウム危機」や「生物石灰化危機」などと呼ばれる石灰岩の堆積停止であった。この現象がみられる時期もはっきりしており、決まって「セカンド」と同時に起こっている[41][116][117]。

海洋の無酸素化については、ブラックベアリッジでもみたように、黒色頁岩の堆積や、還元的な海底環境下で堆積物に濃集する元素の化学的性質などを使って年代が特定されている（第2章参照）。ヨーロッパや北米大陸西海岸の海で堆積した地層などを対象とするいくつかの研究が、無酸素化は「ファースト」と「セカンド」の間に起きたことを明らかにした[118]。

ここでついでに、無酸素化の原因となった可能性がある温暖化についても検討しておこう。海底の堆積物から過去の気温を直接推定する方法はない。代わりに、海水温の変化を調べる方法はある。具体的には、腕足動物やカキの殻化石にふくまれる酸素の同位体比を調べる方法だ。残念ながら、「ファースト」から「セカンド」にかけては、温度推定に使える化石がほとんど見つからないので、この期間の海水温にかんする情報はない。ただし「サード」に入ると、カキの殻化石が見つかりはじめるため、海水温の変化が明らかになっている[119]。イギリスのカキ化石を用いた研究によれば、「サード」の時期に、なんと約一〇度もの海水温上昇があったという。

噴火の時期

ステファン・ヘッセルボにより炭素同位体比の負異常が明らかになったとき、彼はこれをCAMP火成活動の開始と関係づけた。残念ながら、負異常を起こした炭素の起源を、火山性と特定するのは難しく、三度の負異常と噴火のタイミングとを直接比較することはできない。また、CAMP溶岩の噴出と炭素同位体比の負異常について、時代の前後関係が調べられたりしたが、溶岩の噴出は「セカンド」より後のものしか見つからなかった[120]。

一方、地層にふくまれる水銀濃度から、CAMP火成活動と負異常の時期を比較する試みがある。

火山から放出された水銀（Hg）は、数ヵ月から二年程度かけて酸化された後に、おもに降雨によって海洋にもたらされる。海洋中の水銀はメチル基（$-CH_3$）と結びつき、「メチル水銀（CH_3Hg^+）」へと化学形態が変化する。このメチル水銀は生体蓄積性があり、海洋生物の体内に濃集しやすい。

そのため、堆積物中にふくまれる海洋生物由来の有機物の総量（全有機物炭素という）が増えると、水銀濃度も増加する傾向にある（**図4・4**）。ところが、有機物の量から期待される量をはるかに超えた水銀が、堆積物中にふくまれるケースがある。この場合は、過剰な水銀が火山か

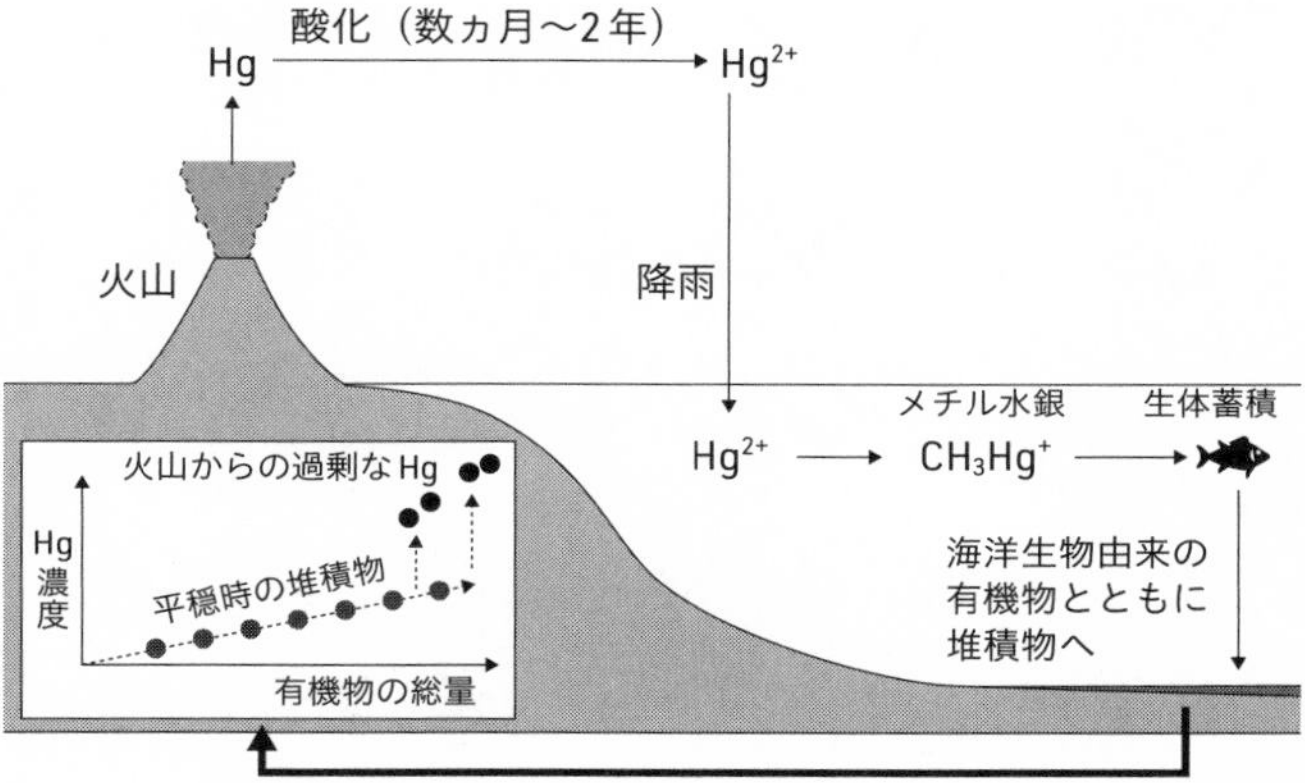

図4・4 三畳紀における水銀の循環モデル

火成活動により放出された水銀は、海水中でメチル水銀となり、海洋生物を経て堆積物に固定される。大規模な火成活動が起こると、平常時の堆積物にみられる「Hg濃度」と「有機物の総量」の関係に比べて、過剰な量のHgが検出される（図左下のグラフ）。

らもたらされて堆積物に濃集したと解釈される。

最近の報告によると、過剰な水銀濃度が「ファースト」と「サード」の間で検出されている。この結果は、地層に記録されたCAMP火成活動の証拠として取り上げられている。[121~123] ただし、堆積物に水銀を濃集させる方法は数多くある。にもかかわらず、一部の研究では火山からの供給と決めつけている点に、私は納得していない。

事件の整理と今後の捜査方針

不明な点もあるものの、時刻の整理はできた。図4・5に、「ファースト」「セカン

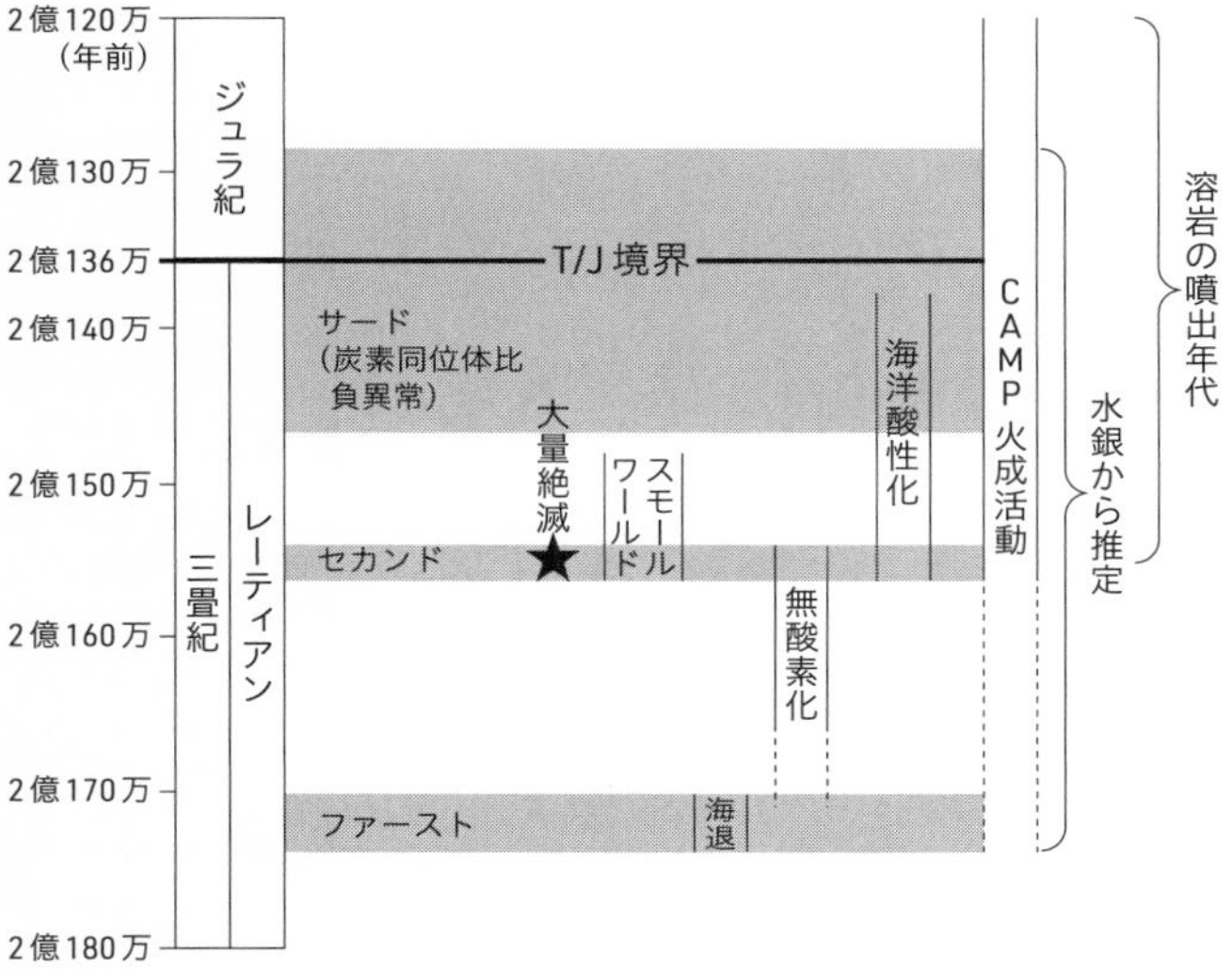

図4・5　三畳紀末におけるCAMP火成活動、海洋環境の変動、生物の小型化・絶滅のタイミング

ド」「サード」を目盛りとした時間の物差しを使って、小型化と絶滅のタイミング、それぞれの環境変動、CAMP火成活動の時期をまとめてみた。

まず目につくのは、水銀の研究から推定されるCAMP火成活動の時期が、三度の負異常とオーバーラップしている点だろう。しかし、CAMP溶岩は「セカンド」以降に噴出したものしか知られていない。これはいったいどう考えるべきか。

ある日アンドレア・マルツォリは、「報告されてきた溶岩の年代は、非常に広大なCAMP玄武岩のほんの一部のデータなので、もっと古い時代に噴出した玄武岩の存在も十分にありえる」と意味深なことを言ってきた。この言葉の意味は、後に明らかとなる。

次に、生物の小型化と絶滅は、「セカンド」のタイミングで起こっている。しかもこの絶滅は、突発的に、かつさまざまな深度・環境に生息する生物に等しく起こったようだ。スモールワールドが「セカンド」の時期に存在したことは、確定である。

環境変動については、「ファースト」から「セカンド」にかけて、海退、海洋の無酸素化、海洋酸性化が順に起こったようだ。タイミング的には、スモールワールドと海退は無関係にみえる。ならば海の生物の小型化と絶滅を導いたのは、海洋酸性化か、はたまた無酸素化か。

＊

フィールドワークと机上の文献調査から三畳紀末の世界について整理した私の前には、二つの選択肢が現れた。

一つは、それぞれの環境変動や小型化の証拠を、さらに積み上げていくことである。たとえば、先におとずれたロンバルディの地層からは、海から酸素が欠乏したといった報告はない。これは、「海洋の無酸素化は起こらなかった」ことを意味しているわけではなく、たんに「調べた者がいなかった」だけである。ゆえに、この地域で地球化学的な研究を進めることで、無酸素化の証拠が得られるかもしれない。スモールワールドの絵を完成させるための〝パズルのピース集め〟とたとえてもよいだろう。

ただしこの手の研究は、期待される結果もおおよそわかっており、何年も熱意をもって取り組めるようなものではない。


もう一つの選択肢は、スモールワールドがどのようにして出現したか、大胆に「仮説」を立て、それを検証するための調査・研究を進めることだ。三畳紀末に起こった事象のタイミングを整理すると、「スモールワールドの出現」には、「CAMP火成活動」と「海洋環境の変化（無酸素化、海洋酸性化）」がかかわっているとみて間違いない。仮説として求められるのは、これら三つの事象を結びつける、具体的な〝なにか〟を示すことにある。

このうち、「スモールワールドの出現」の謎を解く鍵は、三畳紀末研究のキープレイヤーにしてCAMPの父、パドヴァ大学のアンドレア・マルツォリによりもたらされることになる。彼が語った「古い時代に噴出した玄武岩の存在も十分にありえる」という言葉の真意が、いよいよ明かされる。

第5章

連鎖

二酸化炭素を手にいれる方法

前章では、「ファースト」「セカンド」「サード」と呼ぶ炭素同位体比の負異常を基準にして、ＣＡＭＰ火成活動、環境変動、スモールワールドの発生時期について整理した。タイミング的にスモールワールドの出現は、ＣＡＭＰ火成活動と「セカンド」付近で発生した海洋酸性化や無酸素化と関連している可能性が高い。単純に、大陸の上で起こったＣＡＭＰ火成活動が、海洋酸性化や無酸素化を引き起こしたと考えるのがよさそうだが、そのような方法はあるのだろうか。

私がパドヴァ大学で研究をスタートしてまもない頃、アンドレア・マルツォリの研究室はある発見に沸いていた。彼の研究グループは、一九九九年にＣＡＭＰ火成活動が形成した溶岩の年代を報告して以降も、引き続き年代データの蓄積に取り組んできた。噴出した溶岩の年代は、相変わらず「セカンド」の後だった。[124] これは、ポール・オルセンがＣＡＭＰによる絶滅説を疑ったきっかけでもあり、マルツォリもまた「セカンド」以前に起こった溶岩噴出がないことに頭をなやませていた。しかし、年代測定の対象を、マグマが地上に噴出してつくった「溶岩」から、地下で冷えて固まった「貫入岩」に切り替えると、あらゆる謎が氷解した。

マルツォリのグループは、ＣＡＭＰの分布域にみられる貫入岩の形成が、「ファースト」と「セカンド」の間で大規模に起こったことを突き止めた。[125][126]これは、「セカンド」より前に、地下にある地層や岩石がマグマによって大規模に加熱されたことを意味していた。この地下で起こったい、加熱が重要である。

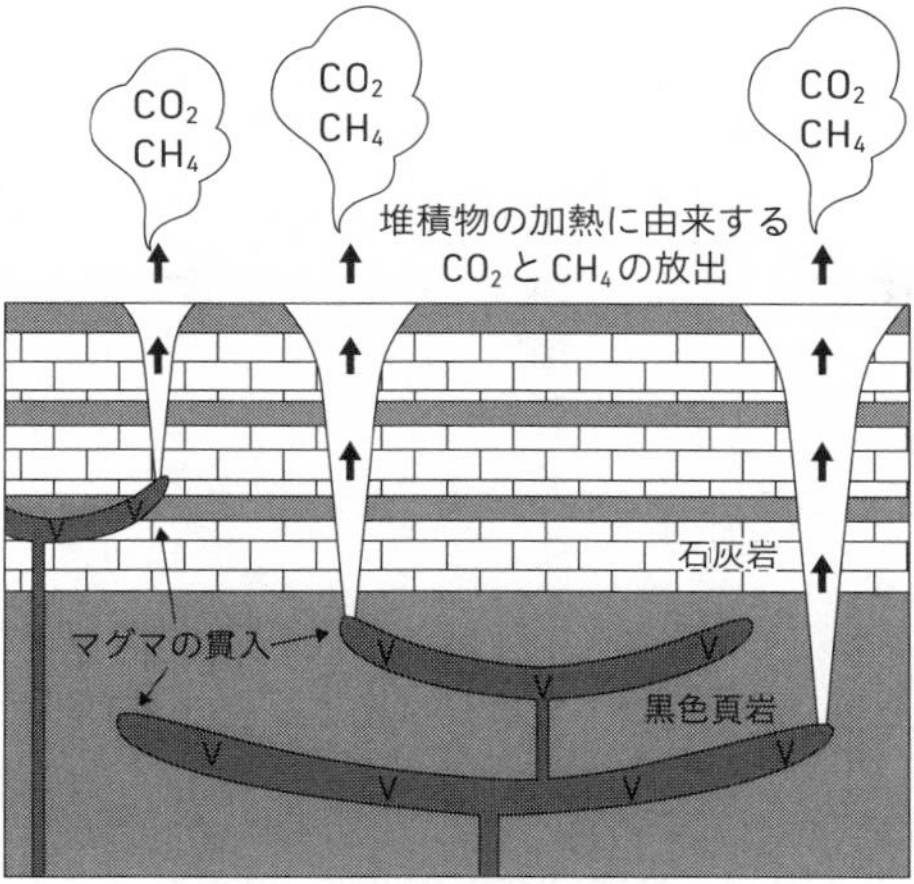

図5・1｜**アマゾン盆地堆積岩へのマグマの貫入と二酸化炭素（CO_2）およびメタン（CH_4）をふくむ炭化水素の発生を示すモデル図**

マグマの貫入が地下で大規模に起こったブラジルのアマゾン盆地は、日本の国土面積のおよそ二倍（七五万平方キロメートル）の面積をもつ。この盆地には、地層の厚さが四五〇〇メートルもある古生代の黒色頁岩が堆積している。この黒色頁岩は、ブラジル最大の石油資源をふくむ。[127]

もしこの黒色頁岩がＣＡＭＰのマグマにより加熱されると、ふくまれる有機物から大量に二酸化炭素や炭化水素が発生して地上へ噴出する（**図5・1**）。マルツォリが論文を報告した二〇一七年には、その可能性について言及されただけだった。しかし、翌年には、マルツォリの弟子であるサラ・カレガロのグループが、たしかにアマゾン盆地では「ファースト」から「セカンド」にかけて、大規模なマグマの貫入が起こっていたとする年代データを示した[126]。

おめでとう。この方法なら、地質学者が愛してやまない環境変動の悪玉、二酸化炭素が大量に手に入るではないか！

海洋酸性化と絶滅

どうして地質学者がこれほど二酸化炭素に執着するのか、私にもよくわからない。わからないが、語るべきストーリーは山のようにある。

マルツォリらの発見を受けて、研究者たちは結論へと跳躍した。まず、二酸化炭素の増加により「海洋酸性化」を起こすのは造作もない。何といっても、現在の地球で起こっている現象なのだから。人間活動によって放出された二酸化炭素と、それがもたらす海洋酸性化のため、現在の海ではサンゴが死滅しているではないか。

本質的には、海水中の水素イオン濃度の増加と、炭酸イオン濃度の減少により、サンゴに代表される炭酸カルシウムの骨格をもつ生物が被害を受ける（第2章図2・5参照）。炭酸カルシウムの殻をもつ有孔虫や貝形虫などの微小生物にも、同様の問題が発生する。そして、これらの生物が生息した堆積環境では、「セカンド」と同じタイミングで石灰岩の堆積が突然停止している。[128]

つまり、ＣＡＭＰ火成活動にともなう二酸化炭素の増加で海洋表層が酸性化し、炭酸カルシウムの骨格をもつ生物が絶滅した可能性があるのだ。いくつかの仮説を立てて、海洋生物の絶滅にいたるストーリーを描いてみよう。

①ＣＡＭＰ火成活動……パンゲア大陸の中央部で、マントルからの巨大な上昇流により大規模なマグマ活動が起こった

←

②マグマによる二酸化炭素放出……アマゾン盆地の地下では、貫入したマグマが黒色頁岩を加熱し、大量の二酸化炭素が大気に放出された

←

③海洋酸性化……大気中の二酸化炭素の増加により、海洋表層の著しい酸性化が引き起こされた

←

④炭酸カルシウム形成阻害……③により炭酸カルシウムの外骨格をもつ生物が絶滅した

このように、荒削りながらも仮説を立ててみると、確認すべき項目が見えてくる。まず気になるのは、②と③の間をつなぐ二酸化炭素の増加が、実際に「ファースト」と「セカンド」の間で起こっていたのかどうかだ。

私は三畳紀末絶滅の研究に取り組む以前から、この時代に二酸化炭素がありえないほど増加したと報じた論文を知っていた[129]~[131]。そのためこの疑問は、文献調査により容易に答えが出るはず、とたかをくくっていた。おそらくＣＡＭＰ火成活動がはじまり、大気中の二酸化炭素濃度は「ファースト」から急増したに違いない。

植物の葉と気孔

中学一年生のときだっただろうか。ある日の理科の実験で、校内に生えたツユクサの葉を観察した。葉っぱの裏の白くて薄い膜をカッターとピンセットではがしとり、スライドガラスにはりつけて顕微鏡を覗いた。無数の〝唇〟がびっしりと並んでいる様子が、接眼レンズ越しに飛び込んできた（図５・２）。教室からは悲鳴に似た歓声があがった。先生が説明した。「この唇のようなものは、植物が光合成に使う二酸化炭素や水蒸気を出し入れする〝口〟です。植物は呼吸をしているのです」

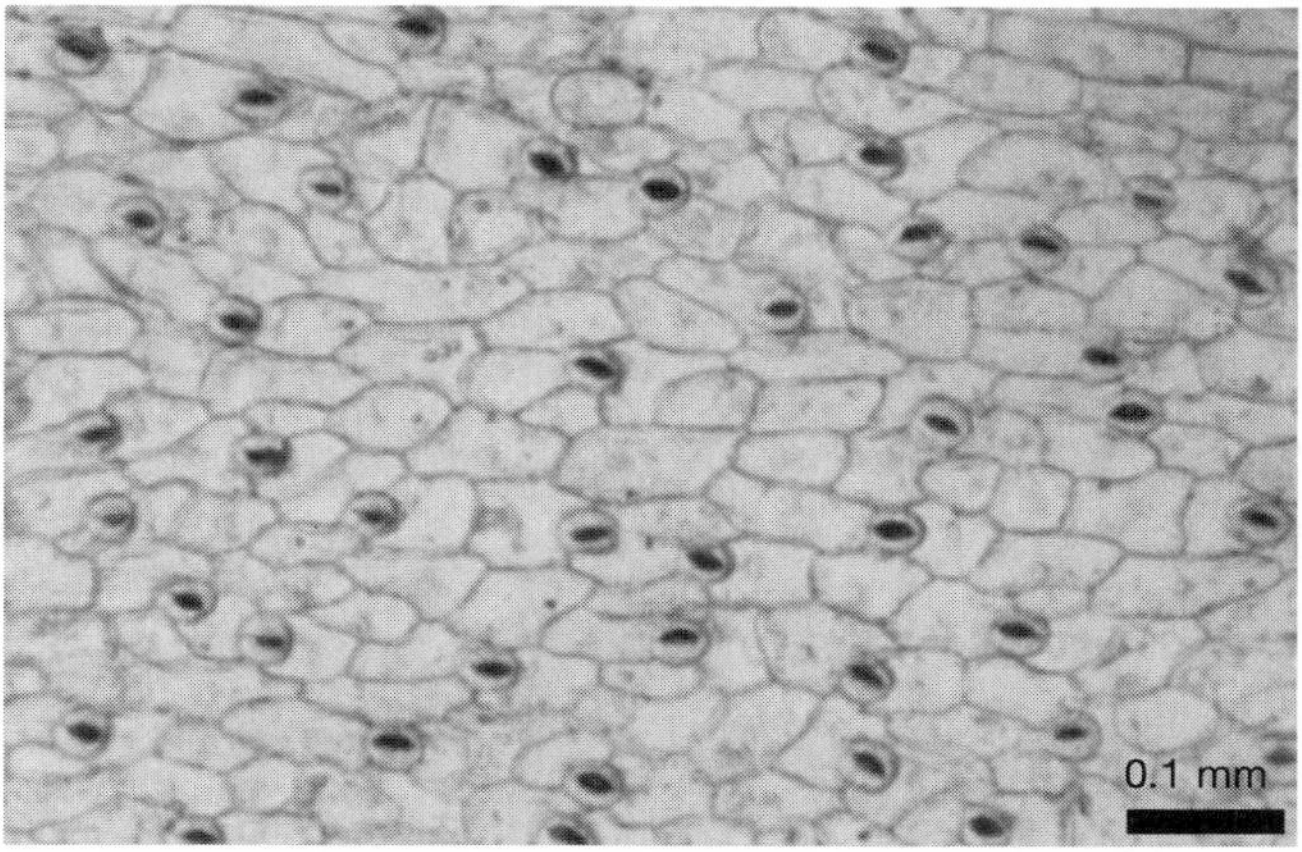

図5・2｜九州大学敷地内に生えていた植物（ネジバナ）の気孔の顕微鏡写真

植物の葉の裏にびっしりと並んだ唇は、「気孔」と名づけられている。植物は大気中の二酸化炭素や水蒸気の濃度により、この気孔の数を変化させる。[132] 実験によると、気孔密度（単位葉面積あたりの表皮細胞の総数に占める気孔の数の割合）と大気中の二酸化炭素濃度との間には負の相関が認められている。[133] つまり、「大気の二酸化炭素が増えると、葉の気孔の数は減る」のである。これは、二酸化炭素が豊富に存在するときには、できるだけ水分を保持するために気孔の数を減らす、植物の生理的反応によるものらしい。[133][134]

この関係は、堆積物中に残されたマツの葉の化石の気孔密度と、極域の氷床に閉じ込められた二酸化炭素を使って、過去三万年間にわたって確かめられている。[135] つまり、植物の葉化石を調べ、気孔密度を測ることで、過去の二酸化炭素濃度を知ることができるのである。

三畳紀からジュラ紀にかけての二酸化炭素濃度は、シェフィールド大学でポスドク研究員を務めていたジェニファー・マッケルウェインにより、一九九九年に報告された。葉化石の気孔密度から復元した二酸化炭素濃度は、三畳紀からジュラ紀にかけて六〇〇ppm※10から二四〇〇ppmへと跳ね上がっていた。[129]二酸化炭素の増加と三畳紀末絶滅を結びつけたこの成果は、メディアの注目を集め、マッケルウェインは一躍時の人となった。

ただし、この研究には、問題点の指摘もあった。それは、分析に用いられたデンマーク地質博物館の葉化石コレクションが、さまざまな分類群にまたがっていたことや、化石の採取場所と年代がはっきりしないといった点に向けられた。[136][137]しかし、その後のイチョウやシダの葉化石を用いた研究からも、三畳紀からジュラ紀にかけて二酸化炭素濃度は基本的には増加したことが確認された。[130][138]

葉化石から復元された二酸化炭素濃度の変化を**図5・3**にまとめた。この図をよく見ると、なにかおかしな点に気がつかれないだろうか。

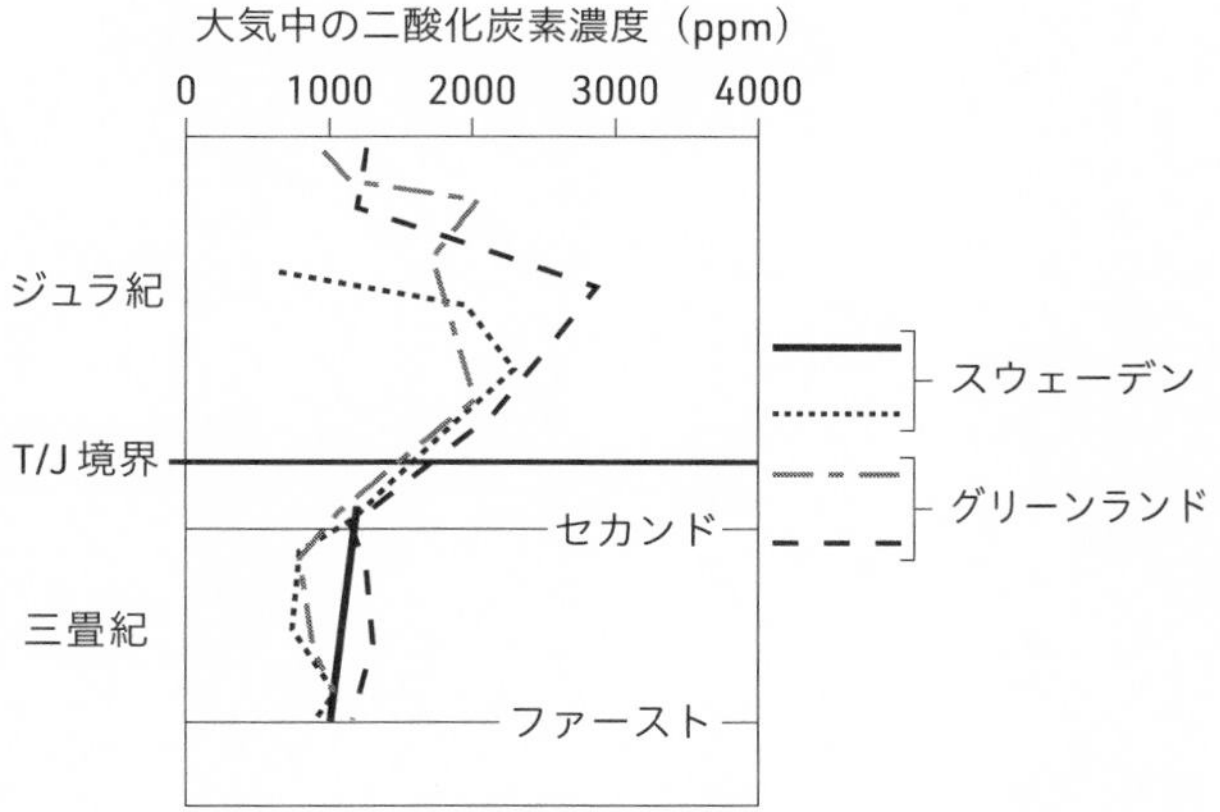

｜図5・3｜ **T/J境界における二酸化炭素濃度の変化**

たしかにT／J境界を越えたところで、二酸化炭素濃度は大幅に上昇している。ただし、三畳紀末の「ファースト」から「セカンド」の間に限ると、二酸化炭素濃度は一〇〇〇ppmから一三〇〇ppmへとやや上昇したのみで、大きな変化がない（**コラム4**）。つまり二酸化炭素濃度の顕著な上昇は、「セカンド」の後で起こっているのだ。

CAMP説によると、アマゾン盆地からの大規模な二酸化炭素放出は、「ファースト」から「セカンド」にかけて起こったとされる。[126] もし

※10 ppmは濃度を表す単位であり、気体の場合、一ppmは体積比で一〇〇万分の一であることを示す。

この説が正しければ、葉化石の気孔密度は「ファースト」と「セカンド」の間で減少するはずだ。ただ、そのようなデータの報告はない。

この問題は、マルツォリらがCAMP貫入岩について発表した二〇一七年に浮上した。CAMP火成活動により放出された二酸化炭素が海洋酸性化の原因ならば、避けては通れない問題だ。**「消えた二酸化炭素」**は、どこに隠されてしまったのか——。

「この問題を解く手がかりは、足元のありふれた鉱物にある」

一人のスロバキア人研究者は、二酸化炭素の行方に気がついていた。

大地の変化

心のなかで、〝父親〟と呼んでいる人物がいる。それも世界に複数人いる。彼らに共通する点と言えば、ハードなフィールドワークを通じて、日本とは違った生活習慣や食習慣について教えてくれたことだろうか。生きていく術《すべ》を教えてくれる人を父親のように感じるのは、人間の本能によるのかもしれない。

図5・4｜タトラ山脈の遠景写真

ジョゼフ・ミヒャリクは、スロバキア科学アカデミーの地質学者である。そして私にとっては〝スロバキアの父〟である。フィールドワークをこよなく愛し、がっしりした体格は、いかにも地質学者という雰囲気を漂わせている。フィールドでは厳しい顔つきだが、笑うと目を細め、左右に口をニッと開いて素敵な表情を見せる。ミヒャリクはジュラ紀の研究者として有名だ。三畳紀をテーマとする研究者には、それほど名前を知られていないと思う。

彼のおもな研究フィールドは、スロバキア北部のタトラ山脈である（図5・4）。スロバキアの国歌にも歌われるこの山脈は、中生代の海で堆積した地層からできている。

ミヒャリクは、地層を構成する鉱物粒子に

興味をもっていた。一般に地層は、陸上の岩石が風化してできた小さな鉱物粒子の集合体からなる。彼の興味は、もっぱらタトラ山脈のジュラ紀の地層にあったが、T／J境界付近の地層にふくまれる鉱物粒子を調べるうちに、奇妙な点に気がついた。

粘土鉱物の一種である「カオリナイト」が、地層中に大量にふくまれていたのである。[139] 詳しく調べると、この粘土鉱物は、「ファースト」から「セカンド」の間の期間にのみ増加している。この鉱物は「ファースト」以前の三畳紀の地層や、ジュラ紀の地層にはまったくみられない。カオリナイトの存在は何を意味するのか。

そのことを知るために、まずは〝地層の源流〟をおとずれる必要がある。

地層の源流

地層のイメージは、整然とした縞模様ではないだろうか。この縞模様は、地層を構成する粒子の大きさの違いに由来する。粒子はその大きさによって呼び分けられる。二ミリメートル以上の場合は「礫《れき》」、二～〇・〇六三ミリの間であれば「砂」、〇・〇六三ミリより小さい粒子は「泥」という具合だ。礫・砂・泥は川から海へと運搬されて堆積したもので、「砕屑《さいせつ》粒子」と総称される。ここでは、泥に着目しよう。

泥を顕微鏡で観察してみると、いくつかの鉱物粒子が集まってできたものとわかる。世界中の

図5・5｜石灰岩の化学風化とカルスト化作用

泥を平均化した場合、その鉱物粒子の内訳は、二〇〜三〇パーセントの「石英」と五〜一〇パーセントの「長石」とを主体とし、残りは粘土鉱物や鉄鉱物（磁鉄鉱など）から構成される[140][141]。鉱物粒子は、もとをたどると陸上に露出する岩石に起源をもつはずだが、どのようにして形成されるか——岩石から鉱物粒子になるか——までは、中学校の理科では習わない。

泥を構成する鉱物粒子の起源をさかのぼると、最終的には、マグマが地上や地下で冷えて固まってできた「火成岩」にたどりつく。地表に露出した火成岩は、おもに二つのプロセスで砕屑粒子へと変化する。

一つは「機械的風化」と呼ばれる作用だ。

一日の気温の寒暖により、火成岩を構成する鉱物粒子が膨張と収縮を繰り返して破壊が起きたり、鉱物間に染み込んだ水が冬に凍って膨張することで破壊が起こったりして、砕屑粒子が形成される。これが機械的風化である。

もう一つのプロセスは「化学的風化」（あるいは化学風化）と呼ばれる。この作用は、化学と名がつくだけあって、岩石、水、大気の三者の化学的な反応により進行する。

岩石は鉱物の集合体からなるので、化学風化で実際に化学反応を受けるのは鉱物である。わかりやすい例は、石灰岩の化学風化だろう（**図5・5**）。石灰岩は、おもに方解石という鉱物から構成される。方解石は雨水と大気や土壌中の二酸化炭素と反応するのだが、これは石灰岩のカルスト化作用といわれる溶解を起こす。鍾乳洞などを形成するメカニズムも、基本的にはこの作用である。

地上で最もありふれた鉱物

さてカオリナイトである。この粘土鉱物は、「長石」という別の鉱物が地表水（具体的には雨水など）および二酸化炭素と反応する化学風化により生成される（**コラム5**）。また、長石は地表に分布する鉱物の約五割を占める、地球上で最もありふれた鉱物である[142][143]。

カオリナイトの生成条件は二つ——①原材料となる長石が化学風化を受けること、②比較的高いアルミニウムイオンとケイ酸濃度をもつ溶液が存在する環境――だ。①の長石の化学風化は、土壌環境で進みやすい。ポイントは、水と二酸化炭素が反応して生じる水素イオン濃度が高いことや、植物の根が分泌する有機酸が多く存在することだ。気候の影響も大きく、年平均気温が二〇度の熱帯では、一二度の温帯に比べてほぼ倍の速さで化学風化が進む。また②の環境は、一般に降水量の多い地域が該当する。以上をまとめると、カオリナイトは温暖湿潤な気候条件下、たとえば降水量が多い熱帯の土壌で典型的につくられる。[144][145]

ミヒャリクが、タトラ山脈で発見したカオリナイトの増加は何を意味するか。それはずばり、「ファースト」を境として、環境が乾燥した気候から熱帯のように「**湿潤化**」した気候へと変化したことである。[139][146] 彼は、そのような気候変化の引き金として、CAMP火成活動が役割を果たした可能性を指摘している。

二酸化炭素の行方

カオリナイトが形成された時期は、CAMP火成活動にともなって二酸化炭素が大量に増加したと期待されていた、「ファースト」から「セカンド」にかけてである。ただ実際のところ、この時期の大気の二酸化炭素濃度は、一〇〇〇ppmから一三〇〇ppmへとわずかにしか増加していない。[138] 大気に加わらなかった二酸化炭素はどこに消えたのか。この問題を解く鍵が「長石」にある。

重要な点は、長石の化学風化に二酸化炭素が使われることだ（コラム5）。

ここから、次のようなストーリーが描ける。

CAMP火成活動により、アマゾン盆地から大量の二酸化炭素が放出された。それは気候の温暖化や湿潤化を引き起こし、大陸上の長石の化学風化を促進した。長石を風化する化学反応でできた炭酸水素イオンの一部は、海で炭酸カルシウムをもつ生物の殻形成に使われた。その結果、大気から二酸化炭素が除去された。

実際この期間に、サンゴをはじめとする生物により炭酸カルシウムの生産が活発化したことは、シチリアやロンバルディで確認できている。ただし、炭酸水素イオンが海へ過剰に供給されると、海洋酸性化が進む（第2章参照）。これが「セカンド」の海洋酸性化の引き金となった——と考えることもできる。

さらに、大陸上で起こった化学風化は、もう一つ、海に悪影響をおよぼした可能性がある。海洋の無酸素化である。

赤潮と青潮

私の生家は熊本県の天草という島にある。小学生の頃は、海沿いの狭い国道二六六号線を歩いて通学していたため、海はとても身近な存在だった。小学校に着くまでに港町を二つ通過するのだが、春から夏に移り変わる気持ちのよい季節に、防波堤の内側の海がオレンジ色に染まることがあった。赤潮である。

防波堤には死んだ魚が打ち寄せられ、白い腹を上にしてプカプカと浮かぶ。生き物なら何でも捕まえていた私も、さすがに手を出さなかった。「海の毒が魚を殺した」と感じていた。

赤潮は、植物性のプランクトンと、それを捕食する動物プランクトンとが異常に増殖して発生する。私が小学生だった頃は、農薬にふくまれる栄養塩がプランクトンの異常増殖を導いたとされていた。農薬に加えて、生活排水の影響も大きかっただろう。各家庭の台所や風呂、洗濯機から出た生活排水は、丸い土管を伝ってそのまま川へ垂れ流されていた。

赤潮の問題は、大量発生したプランクトンの遺骸が引き起こす。遺骸は海底へ沈んでいく途中で、海水中のバクテリアによって分解される。有機物の分解には酸素が使われるため、海水中の酸素が大量に消費される。これが問題となる。

海水から酸素が消費しつくされると、「貧酸素水塊」が形成される。貧酸素水塊とは、溶存酸素が一リットルあたり二〜三ミリグラム以下の、魚介類が生存できないほどに酸素量が低下した海水をいう。

さらに酸素が失われ、海水一リットルあたりにふくまれる酸素の量が〇・〇三六ミリグラム以下にまで低下すると「無酸素水塊」となる。無酸素水塊では、生存に酸素を必要としない硫酸還元菌と呼ばれる微生物が、海水に豊富にふくまれる硫酸イオンを用いて有機物を酸化してエネルギーを得るようになる。その結果、硫酸イオンが還元され、硫化水素が発生する。この硫化水素が海面付近まで上がってくると、今度は酸化されて、コロイド状の硫黄が生じる。この硫黄が「青潮」と呼ばれるものの実体である。

大地と海のつながり

第2章で説明したとおり、カナダのブラックベアリッジでみた黒色頁岩の「黒」は、海底に無酸素水塊ができて、有機物が分解されずに堆積物に残ったせいでついた色である。ブラックベアリッジにおいて無酸素水塊が発達したことは、「黄鉄鉱」の存在からもわかっている[32][147]。黄鉄鉱は、硫酸還元菌によりつくられた硫化水素が、海水中の鉄イオンと結びついてできたものだ。

従来の研究では、この無酸素水塊の発達は、温暖化による海洋の成層化により引き起こされたと考えられてきた[32]。しかし、別の理由で無酸素水塊が生じた可能性も考えられる。

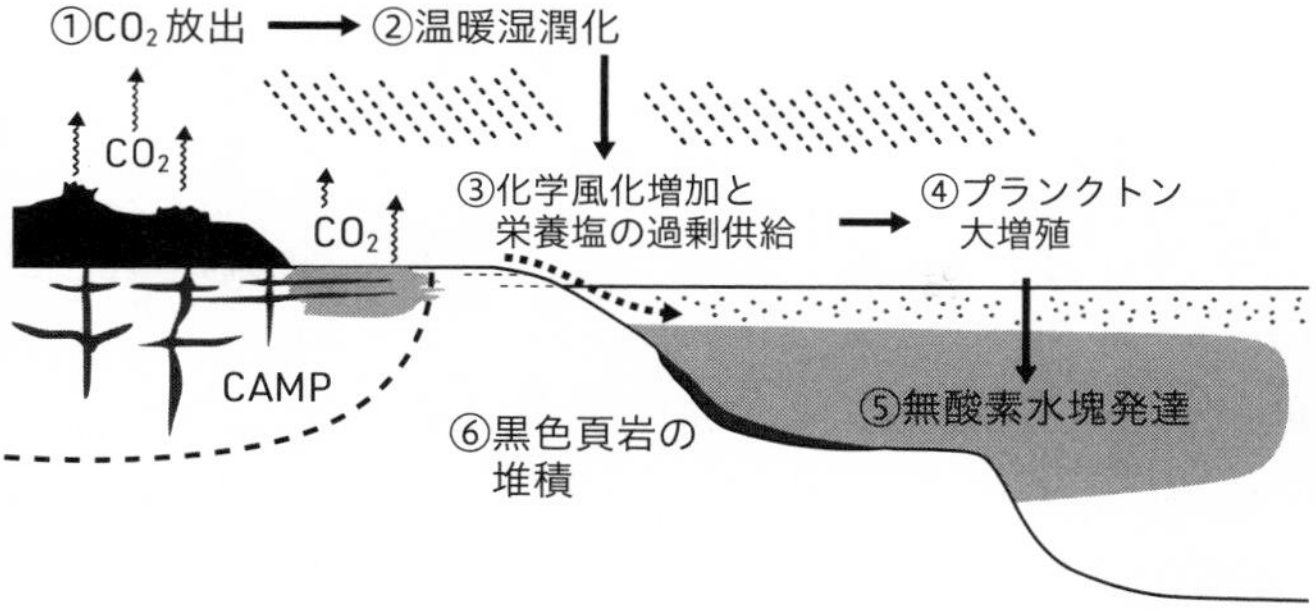

図5・6 | 大地の変化が引き起こす海洋環境の変化

火成活動による温暖化や湿潤化は、陸上の化学風化を強め、海洋に過剰な栄養塩を供給する。その結果、海の富栄養化と無酸素水塊の発達が引き起こされる。

ここからは仮説になるが[148]、この無酸素水塊の発達は、海洋プランクトンの大増殖、つまり現代でいうところの赤潮(当時は緑藻主体だったので〝緑潮〟だろうが)の発生により引き起こされたのではないだろうか。この仮説が正しければ、赤潮の規模は現代のものとは桁違いで、中〜低緯度の沿岸域で、おそらく数万年間にわたって発生したことになる。

プランクトンの増殖の鍵を握るのは、陸上の強い化学風化による栄養塩の供給かもしれない。陸上で強い化学風化が起こると、プランクトンの増殖に必要な硝酸塩やリン酸塩などが大量に海洋へ流れ込み、海の「**富栄養化**」が進む。同様の議論は、ペルム紀末大量絶滅の研究でも進んでいる。ペルム紀末の海洋無酸素化も、海洋の成層化ではなく、陸上の強い化学風化によって引き起こされたと考えられている[149]〜[151](**図5・6**)。

加えて、海洋の無酸素化は、「ファースト」と「セカンド」の間における「消えた二酸化炭素」の問題にも、一つの解答を与えてくれるかもしれない。植物プランクトンは二酸化炭素（CO_2）を吸収し有機物（CH_2O）を生成するが、この有機物は、捕食者に取り込まれたのち、呼吸により二酸化炭素としてふたたび放出される。したがって、結局のところ二酸化炭素の収支はプラスマイナスゼロだ。しかし、植物プランクトンが死後堆積物中に埋没し、捕食者からも大気や海洋からも隔離されれば、植物プランクトンが吸収した分の二酸化炭素は大気から除去される。

たとえば海底下で無酸素水塊が長期にわたり発達すると、有機物が分解されずにそのまま堆積物中に残る。「ファースト」から「セカンド」にかけて無酸素水塊が発達したことで、二酸化炭素が堆積物中に隔離された可能性がある。海洋酸性化のみならず無酸素化においても、二酸化炭素を鎖としたつながりがみられるのである。

連鎖モデル

CAMP火成活動により放出された二酸化炭素は形を変えながらも、一本の鎖として大気－土壌－水－堆積物をつないでいる。二酸化炭素を鎖とした環境変動の「連鎖モデル」は、ペルム紀

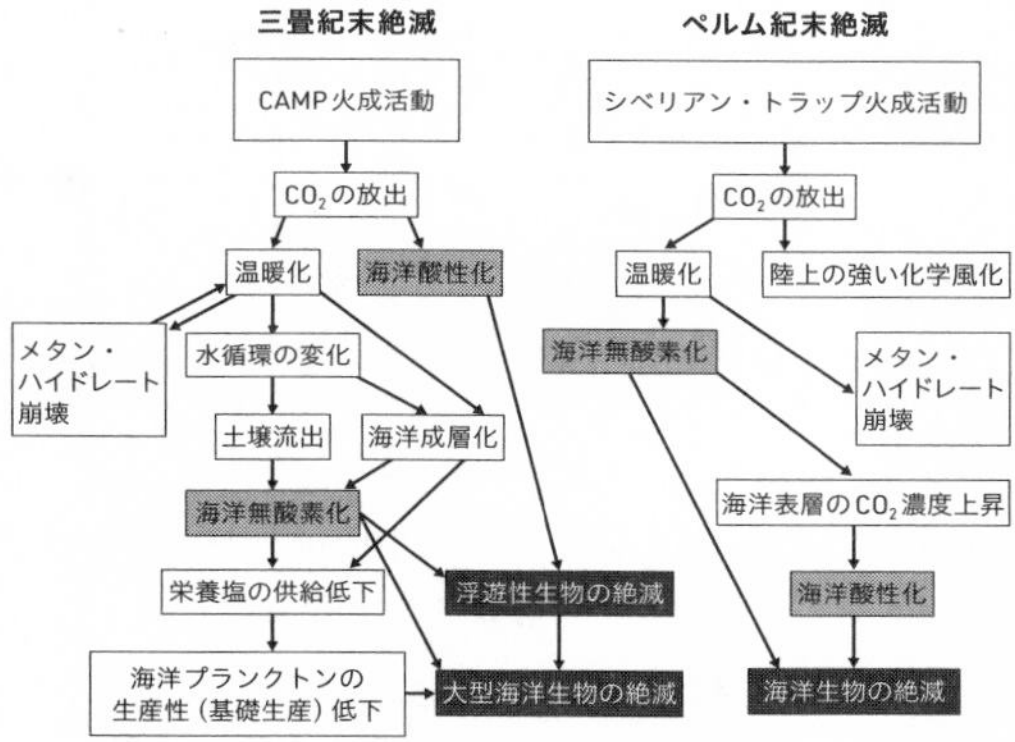

図5・7 | 三畳紀末とペルム紀末の大量絶滅を説明する連鎖モデル

どちらのモデルにおいても、「海洋酸性化」と「海洋無酸素化」が海洋生物の主要な絶滅要因となっている。ちなみに、図中の「メタン・ハイドレート崩壊」とは、海底下の堆積物中でメタンガスが水分子と結びついた固体物質が、温暖化により溶融・崩壊する現象を指す（このような現象が起こったことを示す地質学的証拠に乏しいため、本書では詳しく取り上げない）。

末の大量絶滅において議論されてきた。ポール・ウィグナルによれば、三畳紀末の出来事も、ペルム紀末の研究で構築された連鎖モデルの「カット・アンド・ペースト」で説明できる。[152]

　ペルム紀末の大量絶滅では、シベリアン・トラップと呼ばれる火成活動の地域から放出された二酸化炭素が、大気－大地－水環境の間でリレーされながら、海洋酸性化や無酸素化を引き起こし、最終的に海洋生物の絶滅を導いたとされる。**図5・7**に、二酸化炭素に注目したポール・ウィグナルによる「ペルム紀版連鎖モデル」と、三畳紀末絶滅の研究者らが最近提示した「三畳紀版連鎖モデル」を示す。両者はほとんど同じである。

私は、海で堆積した地層を対象として、海生の化石を使った研究をおこなっている。ゆえに視野が海で起こった環境変動に偏りがちだった。しかしいま、大気から海まで通してみると、火成活動による「大気」の変化が、「大地」を変え、「海洋」の酸性化や無酸素化を引き起こし、「生命」の小型化と絶滅が導かれるという、一本の道筋が見えた。一見無関係の現象がすべてつながる様《さま》は、「風が吹けば桶屋が儲かる」モデルと表現しても違和感はないが、格好よく「環境ストレスのカスケード」[153]と呼ぶほうがいいだろう。

「仮説を立てて検証する」などと意気込んでいたものの、三畳紀末の「スモールワールド」につながる仮説やモデルは、ほぼその概要が明らかになっていた。つながりは二酸化炭素にあった。リゴとの共同研究期間は五年間しかないので、これからはすでに提案された仮説の検証に徹しなければならないのか。こうしている間も、本書に登場してきた研究者たちは、着実に成果を上げている。

少し後の話になるが、アンドレア・マルツォリのグループは、マグマ中にふくまれる二酸化炭素の量を、ＣＡＭＰの溶岩にふくまれる鉱物から直接推定する試みに着手していた[154]。彼らの研究によると、マグマから放出された二酸化炭素の増加割合は、国連の「気候変動に関する政府間パネル」（ＩＰＣＣ）が二一世紀に入って予測した人為的な排出シナリオと同程度であった。アマゾン盆地の黒色頁岩から放出された分を加えると、大気に放出された二酸化炭素はさらに増加することになる。

ポール・ウィグナルのグループは、ＣＡＭＰ火成活動と海洋の無酸素化との関連性を調べている。[24] 彼は研究キャリアの大部分を大規模火成活動による絶滅理論に費やしており、すべての大量絶滅を火成活動で説明しようとさえしている。[152]

二酸化炭素の放出により、どのくらいの期間、陸上の化学風化が強化されたかについても研究が進んでいる。大気－海洋－堆積物を模した炭素循環モデルによる計算では、二〇〇〇ppmに達する大気中の二酸化炭素の増加があったとしても、一〇〇万～二〇〇万年後には、陸地の化学風化によりもとのレベルにもどるらしい。[121]

このように、二酸化炭素を軸とした連鎖モデルは、より詳細な化学分析やシミュレーションを結合した研究へと向かっている。[153]

＊

――しかし、なにか納得がいかなかった。

たしかに、ＣＡＭＰ火成活動を引き金とする連鎖モデルは美しい理論だ。大気－水－大地をつなぎ、それぞれに環境ストレスを与える二酸化炭素は、本書が取り上げる「大地と生命のつながり」を体現している。ただしっくりとこないのは、最終局面の小型化と絶滅の部分についてである。

「二酸化炭素が大気－大地－海洋の間を形を変えながら移動し、海洋酸性化や無酸素化を連鎖的に引き起こした。これら環境の悪化によりスモールワールドが出現し、生物の小型化と絶滅が導かれた」

このように文章として書き起こしてみると、たしかにもっともらしい気がする。しかし、世界各地を実際にめぐり、小型化と絶滅の様子をみてきた私は、「ことはそう簡単ではない」と感じていた。世界をスモールワールドへと導いた原因が二酸化炭素のリレーというのは、じつは見せかけであり、本当の原因は別にあるのではないのか?

このような疑いは、スロバキアのジョゼフ・ミヒャリクをたずねることで、確信へと変わった。

コラム4 葉化石を用いた大気中の二酸化炭素濃度の推定

葉化石の気孔密度を使った二酸化炭素濃度の推定には厳しい条件がある。まず、現在まで生存する植物種の葉化石を使用した場合に限られる。さらに、二酸化炭素が増えると気孔の数が減るという関係は、二酸化炭素の濃度が五〇〇ppm以下の場合にのみ実験的に確認されている。[132][155] そのため、これより高い二酸化炭素濃度を推定する場合は、計算される二酸化炭素濃度に大きな誤差が生じるので注意が必要だ。

しかし、相対的に二酸化炭素が増えたか減ったかといった議論に限れば、十分に利用価値がある手法である。[129]

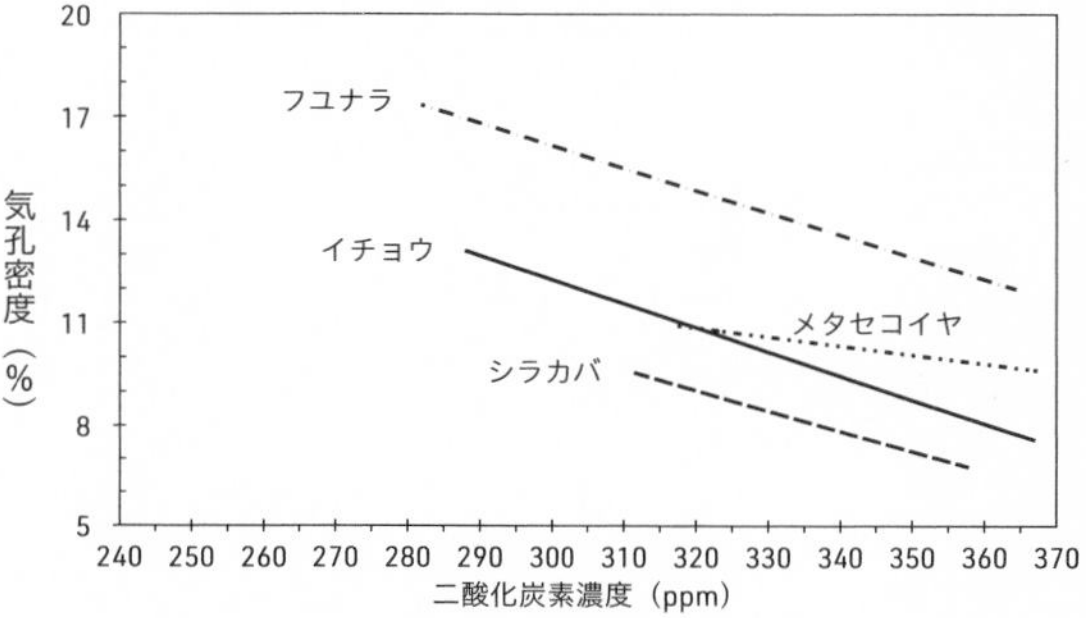

｜図｜ **現生種の気孔密度と二酸化炭素濃度の関係**

図中の気孔密度とは、表皮細胞の総数に占める気孔の数の割合をパーセンテージで示したものである。

コラム 5 長石の化学的風化と二酸化炭素の除去

長石を溶かす水素イオン（H^+）は、土壌中でバクテリアが有機物（CH_2O）を酸化することで生じた、二酸化炭素（CO_2）がもとになって生成される。これは、式(1)と(2)の二段階の反応として表される。CO_2は大気から直接雨水に溶ける場合もあるが、植物の分解が盛んに進む熱帯の土壌では、微生物の呼吸により供給されるCO_2の割合が大きい。

　このような反応だけではなく、土壌中の有機酸やフェノール酸が電離してつくられる水素イオンもある。

　水素イオンは、水がある環境で長石と反応し、カオリナイトを生成する。式(3)は、長石の一種であるカリ長石を例にしたカオリナイトの生成反応を表す。

　化学式(1)〜(3)を順に追っていくと、長石の化学風化に

〈有機物の酸化〉

$$CH_2O + O_2 \rightarrow CO_2 + H_2O \quad \cdots\cdots(1)$$

CH_2O		O_2		CO_2		H_2O
有機物		酸素		二酸化炭素		水

〈土壌水への溶解平衡と電離平衡〉

$$CO_2 + H_2O \rightleftarrows H_2CO_3 \rightleftarrows H^+ + HCO_3^- \quad \cdots\cdots(2)$$

CO_2	H_2O	H_2CO_3	H^+	HCO_3^-
二酸化炭素	水	炭酸	水素イオン	炭酸水素イオン

〈カオリナイトの生成反応〉

$$2KAlSi_3O_8 + 2H^+ + 9H_2O \rightarrow Al_2Si_2O_5(OH)_4 + 4H_4SiO_4 + 2K^+ \quad \cdots\cdots(3)$$

$2KAlSi_3O_8$	$2H^+$	$9H_2O$	$Al_2Si_2O_5(OH)_4$	$4H_4SiO_4$	$2K^+$
カリ長石	水素イオン	水	カオリナイト	ケイ酸（溶存シリカ）	カリウムイオン

CO_2が使われていることがわかる。風化によるCO_2の行方をわかりやすくするため、式(4)のようにまとめてみよう。

化学変化（＝矢印）の前と後で、炭素（C）の変化に注目すると、CO_2から炭酸水素イオン（HCO_3^-）へと形を変えている。この炭酸水素イオンの一部は、河川を通して海へもたらされる。そこで炭酸水素イオンは、おもに海水中のカルシウムイオンと結びつき、さまざまな生物の炭酸カルシウムの殻として利用される（式(5)）。

さて、この二つの反応式を並べてみると、化学変化が起こる前（式(4)の左辺）のCO_2の係数は2（$2CO_2$）だったが、反応の後（式(5)の右辺）は1（CO_2）になっている。これはCO_2分子の割合が半分に減ることを表している。つまりこれらの化学反応が進行すると、大気からCO_2が除去されるのだ。

〈長石の化学風化〉

$$\underset{\text{カリ長石}}{2KAlSi_3O_8} + \underset{\text{二酸化炭素}}{2CO_2} + \underset{\text{水}}{11H_2O}$$
$$\rightarrow \underset{\text{カオリナイト}}{Al_2Si_2O_5(OH)_4} + \underset{\text{ケイ酸}}{4H_4SiO_4} + \underset{\text{カリウムイオン}}{2K^+} + \underset{\text{炭酸水素イオン}}{2HCO_3^-} \quad \cdots\cdots(4)$$

〈炭酸カルシウムの生成〉

$$\underset{\text{炭酸水素イオン}}{2HCO_3^-} + \underset{\text{カルシウムイオン}}{Ca^{2+}} \rightarrow \underset{\text{炭酸カルシウム}}{CaCO_3} + \underset{\text{水}}{H_2O} + \underset{\text{二酸化炭素}}{CO_2} \quad \cdots\cdots(5)$$

第6章

疑惑

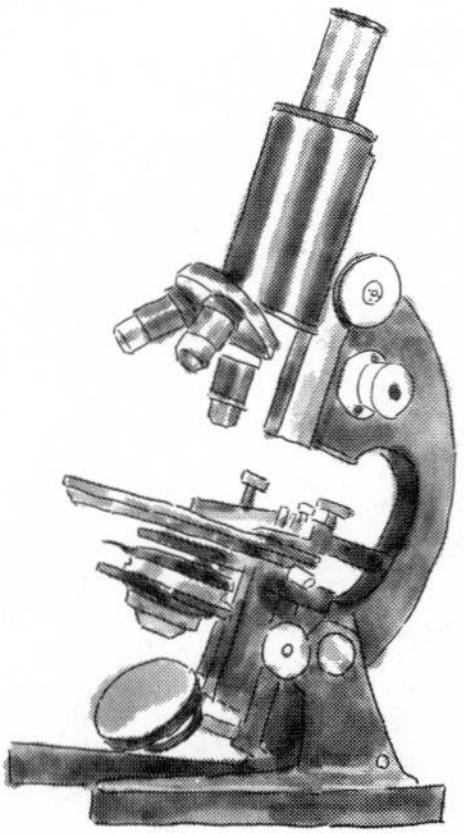

違和感

過去の文献調査を終えたいま、自身の経験と照らし合わせる中で、二酸化炭素による「三畳紀版連鎖モデル」はなにかが間違っているかもしれない、という妙な気持ちに囚われていた。

二〇一七年に入って本格的にT／J境界の研究を開始した私は、ニューカレドニア、岐阜、シチリア、ロンバルディといった地域をおとずれて、三畳紀末の地層を観察してきた。これらの地域の化石記録に共通するのは、小型化と絶滅が突然起こったように見えることである。

地層の縞模様は、歴史書のページと同じ役割をもつ。「ファースト」から、より新しい時代へと歴史書のページをめくっていくと、しばらくは多様性に富む豊かな海の様子が描かれる。ところが「セカンド」のページにさしかかった途端、三畳紀の世界を賑わせていた生命は失われ、荒廃した海の様子が現れる。

つまり地層の記録を真《ま》に受けると、「ファースト」から「セカンド」にかけて二酸化炭素の連鎖モデルが進行している間は生命に何の影響もなく、連鎖モデルのフローチャートの最後の矢印を越えた瞬間、生物は突然小型化し消失した。ならば、二酸化炭素の大量放出がはじまって数十万年間は、生命への環境ストレスはなかったことになる。「現在起こっている二酸化炭素増加など、気にしなくてもよい」という、甘い言葉にも聞こえるが、これはいったい——。

「明日から二週間大学が閉まるから、テツジも好きなところでバケーションをとりな」

二〇一七年四月にはじまったイタリアでの研究生活は、すでに夏休みを迎えていた。リゴが言うには、八月の最初の二週間は大学のスタッフがみな休暇をとるため、地質学科の建物も完全に閉まってしまうそうだ。彼はスペインで休暇を過ごすらしい。

私はこの期間を利用して、おとずれたい場所があった。ジョゼフ・ミヒャリクのいるスロバキアである。さっそくミヒャリクに連絡し、スロバキア科学アカデミーに保存されたT／J境界の化石試料を見せてもらう約束をした。

オーストリアのウィーンは日本人にも人気のある観光地だが、ウィーンをおとずれたなら、ぜひスロバキアの首都ブラチスラヴァまで足を延ばしてみてほしい。ウィーンからは鉄道で一時間程度、ブラチスラヴァ中央駅から旧市街までも、歩いて二〇分程度しかかからない。インターネット上では、「ウィーンからの日帰り旅行、見て回るには半日で十分」などの書き込みが目立つが、この街の魅力は夜にある。旧市街の中に宿をとれば、昼間の喧騒とは真逆の、閑静で心休まる中世ヨーロッパの世界に浸ることができる。

日本では経験したことのない暑さの八月四日に、スロバキア科学アカデミーの一角にある地質研究所をおとずれた。ミヒャリクは相変わらず優しい笑顔で迎え入れてくれた。以前と比べてやせたようにも見える。私は準備してきた英語で、彼に挨拶をした。
「久しぶりに会えてうれしいです。左肩の具合はいかがですか」

タトラ山脈——二〇一三年八月

ミヒャリクとタトラ山脈の調査に出かけたのは、二〇一二年と二〇一三年の八月である。タトラ山脈東端のカードリナと呼ばれる地域には、三畳紀からジュラ紀にかけて堆積した地層が分布する。当時の私は、T／J境界そのものの研究よりも、フランスのロシュシュアール・クレーターを形成した天体衝突の証拠探しに夢中になっていた。結局のところ、カードリナでは、天体衝突の証拠は得られなかった。

しかしこの地の地層は、多様な化石をふくむ石灰岩からつくられている。その時代変化を調べるだけでも、なにか新しい発見があるはずだ。スロバキアまで来て、手ぶらで帰るわけにはいかない。

石灰岩を用いた生物多様性にかんする研究は、かなり手間のかかる作業を要する。この作業は、ふだん注目されることがないので、少し詳しく説明してみたい（図6・1）。

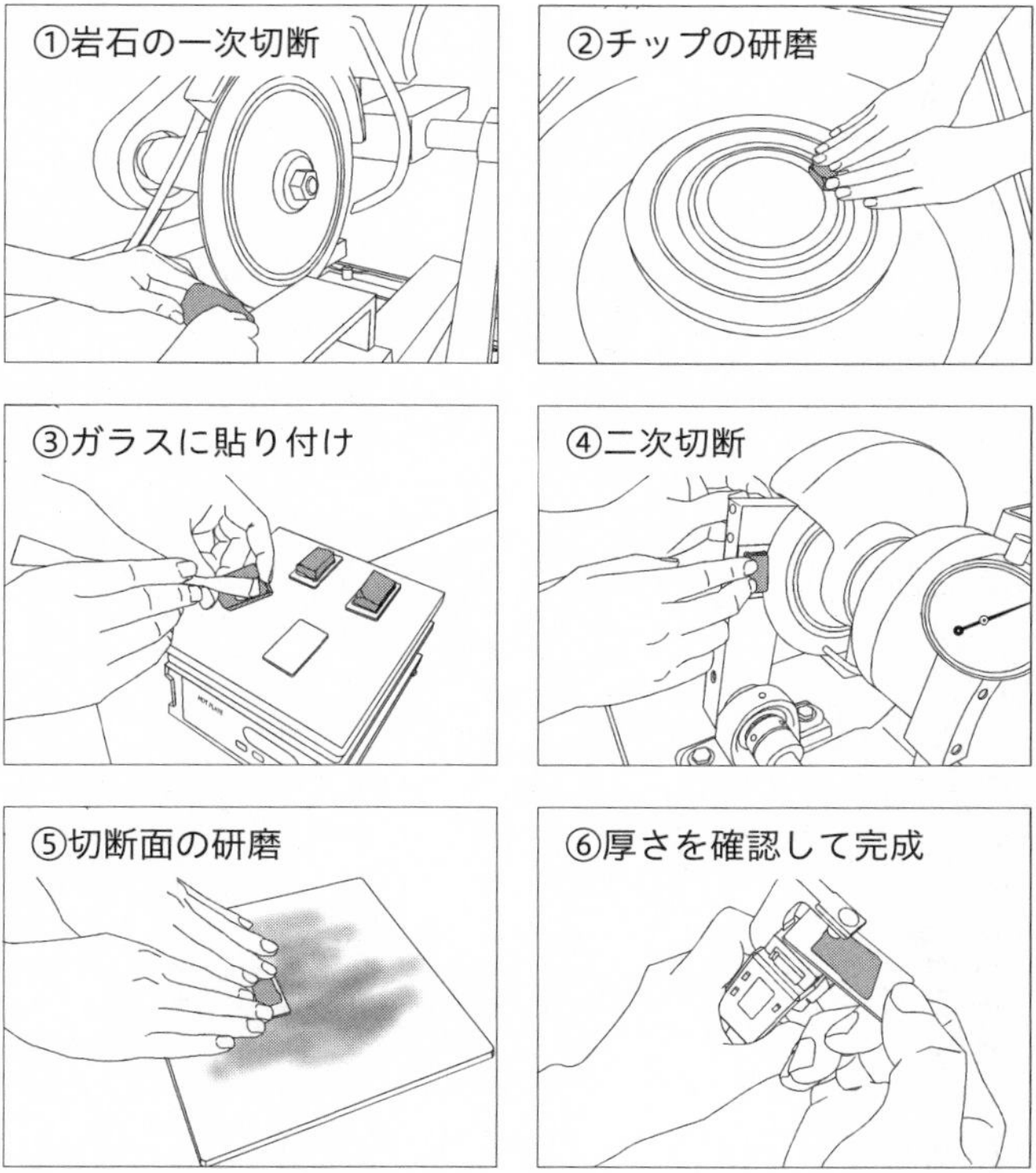

図6・1｜岩石試料の薄片のつくり方

第1章でも述べたが、石灰岩は、おもに炭酸カルシウムの骨格をもつ生物の遺骸が集まってできたものである。ただし肉眼で観察しても、ただの白い塊にしか見えない。どのような種類の生き物が、どれくらいの量入っているかを知るためには、まずは現地から岩石試料を持ち帰る必要がある。採取する量は、握りこぶしくらいの大きさで十分だ。

持ち帰った石灰岩をどうするかというと、セロハンテープくらいの薄さに成形して、中にふくまれている化石を観察する。言うはやすしだが、この作業をおこなうのは非常に面倒かつ難しい。

最初に石灰岩は、ダイヤモンドをふくむディスクカッターで切断され、縦横四センチ、厚さ一センチくらいの直方体のチップとなる。チップには四×四センチの面が二面できるが、どちらか一方の表面をダイヤモンドの研磨剤を使って鏡面研磨する。

研磨が終わったら、その面に接着剤を塗り、スライドガラスに貼りつける。接着剤が乾いたら、ガラスに貼りつけたほうとは反対側の面を、ふたたびディスクカッターで切断して薄くする。最後に、切断した面をふたたび鏡面研磨して、セロハンテープの厚さにまで薄くすれば完成である。

こうしてできあがった岩石の薄いスライスが「薄片」である(図6・2)。厚さはたった〇・〇六ミリしかない。ここまで薄くすると、肉眼では白い塊としてしか認識できなかった石灰岩の

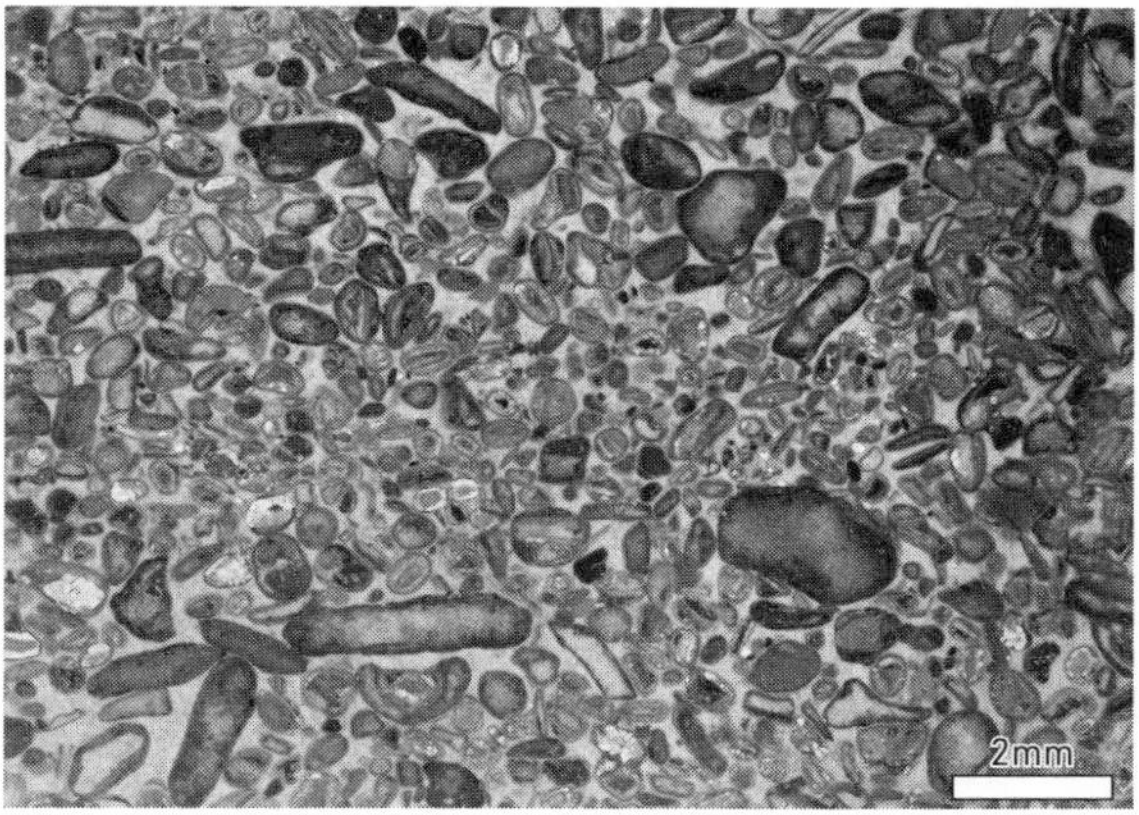

図6・2｜スロバキア・カードリナ石灰岩の薄片写真

強い波のエネルギーで、石灰岩を構成する粒子が摩耗して角がとれて丸くなっていることがわかる。

中に、さまざまな化石の断面が浮かび上がってくる。経験上、石灰岩の研究は、この薄片をつくる作業に八割の時間が割かれ、観察したり論文を書いたりする時間は二割程度しかない。

さて、顕微鏡を覗き込んで薄片を観察すると、過去の海の様子が接眼レンズ越しにぱっと広がる。当然ながら、薄片から見える海の様子は、ほんの一部の時間断面だ。海の様子がどのように変化していったかを知りたければ、地層の一枚一枚から薄片を作成して、時代を通じて観察する必要がある。パラパラ漫画の要領だ。

そのため、大量の薄片があれば、高い時間解像度で過去の海洋環境や生態系の変化を知ることができる。絶滅の真相に迫りたければ、野外で採取すべき試料の数は、あっという間に数百を超えてしまう。

ただ岩石の試料は、野外でいつも簡単にとれるわけではない。ミヒャリクと調査をしたタトラ山脈では、山肌が崖崩れしてできたほぼ垂直な崖にそって、地層が露出している場所があった。つまり何ヵ所か危険な場所があったのだが、海洋環境の変化を高い時間解像度で見るためには、多少無理をしてでも石灰岩を採取する必要があった。

二〇一三年の調査では、前年に採取できなかった試料をとるために、短いロープを張ったり、即席の小道をつくったりして、石灰岩の崖にへばりついて調査をおこなった。このような無理があったからかもしれない、ある日の午後、ミヒャリクが崖から転落した。

肩を脱臼・骨折したミヒャリクを家族のもとへと連れていき、その年の調査は終わった。彼が転落したときの記憶は、いまでも鮮明に焼きついている。お願いして同行してもらった調査で、現地の研究者が怪我をしてしまった。このようなことは、二度とあってはならない。

豊かな海

ミヒャリクは、いまでも笑顔で迎え入れてくれる。彼との個人的な付き合いは、三畳紀末絶滅の話など必要ないほどに大事だが、研究は少しずつ進んでいった。

スロバキア科学アカデミーをおとずれた私は、岡山大学の山下勝行氏と共同で進めていた、石灰岩の化学分析にかんする研究結果をミヒャリクに説明した。カードリナからも炭素同位体比の負異常が見いだされ、「ファースト」と「セカンド」が同定できた。この地では、「セカンド」のタイミングがくると、石灰岩の堆積も停止している。ほかのヨーロッパ諸国と同じだ。

私たちは、大量に作成された薄片を使って、「ファースト」から「セカンド」にかけての海の記録をできるだけ詳しく調べることにした。すると、「ファースト」以降で生物の多様性は損なわれるどころか、むしろ増加しているようにみえた。サンゴ、石灰海綿といった大型の固着性生物はもちろん、有孔虫、巻貝、二枚貝、腕足動物、ウニ、ウミユリなど、じつに多様な生き物の痕跡が見て取れる。

また石灰岩の薄片からは、ふくまれる生物の種類だけでなく、海の深さや波のエネルギーといった海水の動きも知ることができる。薄片から見えた海は、波浪の影響が海底におよぶ非常に浅い海だった。海水の循環も活発で、停滞したような様子もみられない。つまり薄片から覗き見た海の様子は健全そのもの、むしろ「ファースト」以前の時代よりも、生物生産に富んでいるようにも見えた。

突発的絶滅

ミヒャリクは未公表の資料を見せてくれた。彼がまとめあげた、最新の有孔虫化石層序についての資料だ。化石層序とは、どのような化石種がどの程度の期間生息していたかを、時間軸にそって示したものである。

彼の資料を見てかなり驚いた。カードリナでは、「ファースト」と「セカンド」の間で、以前の時代に比べて二倍の種数が記されていたのである。もちろん、すべての種が「ファースト」以降に出現したわけではないだろうが、種の多様性が高まったのは間違いない。

しかし、「セカンド」に入ると、二〇~三〇種はいた有孔虫が、一斉に絶滅してしまう。この現象は、徐々に生物が絶滅し多様性が失われていく「漸進的絶滅」に対して、「突発的絶滅」と呼ばれるものとみて間違いない。

有孔虫は石灰質の殻をもつ原生動物であり、大きいものでも体長は数ミリしかない。石灰岩にふくまれる個体数が多いため、ほかの化石種と比べてその生存期間を正確に調べることができる。当然、ミヒャリクがもっている大量の化石データも正確だ。

なにか変わった点を探そうと、「セカンド」以前の薄片をていねいに調べてみるが、石灰岩は相変わらず豊かな海の情報を伝えてくる。そして「セカンド」のタイミングで、石灰岩の堆積は突然停止する。堆積停止直前の薄片を調べてみても、とりわけ変わった点は見て取れない。

繰り返しになるが、「ファースト」と「セカンド」の間では、アマゾン盆地の地中でＣＡＭＰマグマが貫入し、大量の二酸化炭素が大気中に放出されたと考えられている。[126]大気中の二酸化炭素の増加が気候変動を導き、そのせいで生物が絶滅したのなら、「ファースト」と「セカンド」の間で環境の悪化が起こって、徐々に生物の多様性や生産性が失われていくことが期待できる。しかし実際はまったく逆であり、浅い海に棲む生物はむしろ、〝この世の春〟とでも言わんばかりに温暖化や湿潤化を謳歌しているように見えた。

ここは基本にもどって、陸上の情報収集にあたる必要があるのではないか。二酸化炭素の増加による気候変動は、海よりも先に大地の変化をもたらすだろう。スロバキアでは、カオリナイトの増加がみられた。ほかにも大地の異変を伝える情報はないだろうか。

大地の異変

岡山大学の山下勝行氏は、なんでも相談できる共同研究者の一人であり、非常に優れた地球化学者でもある。彼の研究室で、私たちはスロバキアの石灰岩を使ったストロンチウム同位体比分

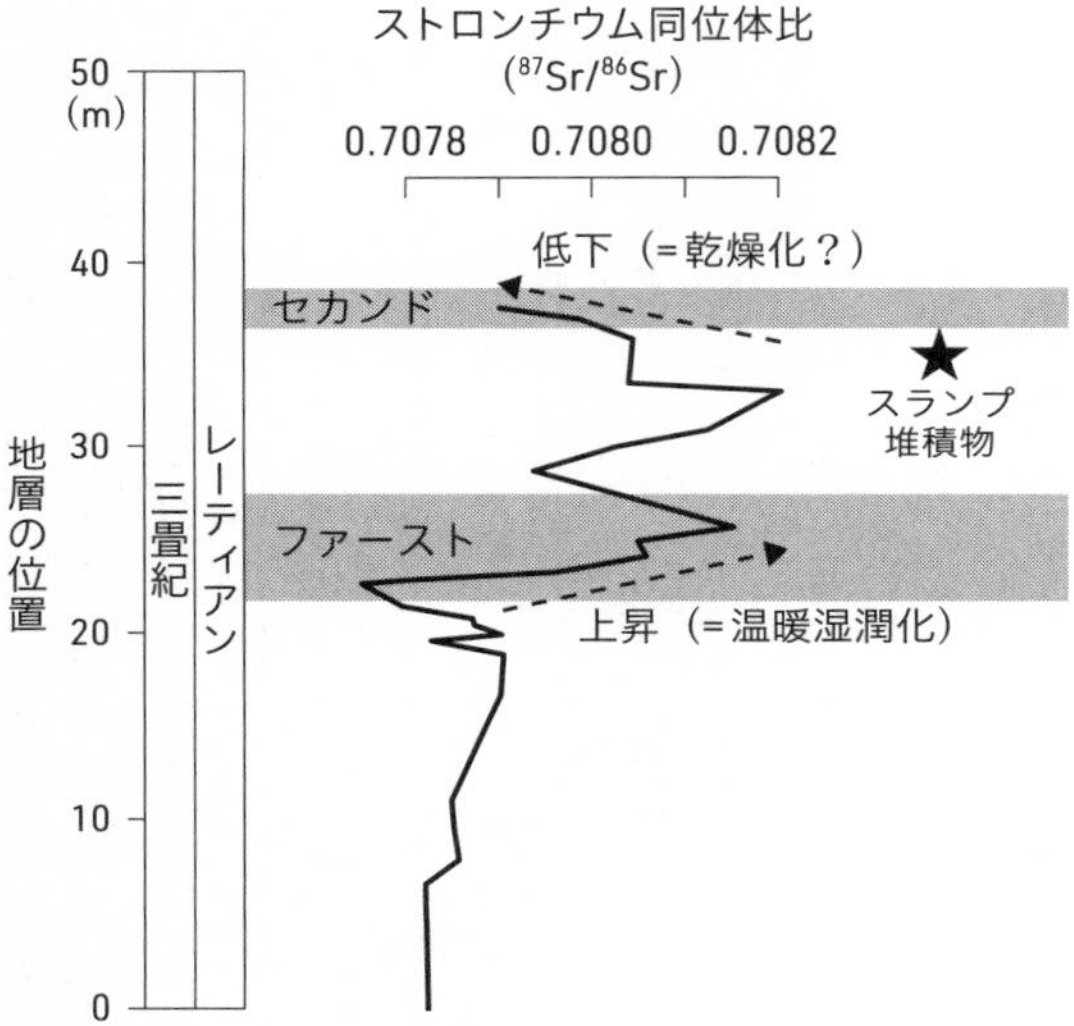

図6・3　三畳紀末におけるストロンチウム同位体比の変動

スランプ堆積物の形成年代も示す。

析を進めてきた。この分析から当時の陸上の情報を得ることができる。

ストロンチウム（Sr）とよばれる原子番号38番の元素には、中性子の数が異なる質量数84、86、87、88の四つの同位体が天然に存在する。このうち、石灰岩に記録されたストロンチウム同位体比（^{87}Sr／^{86}Sr）は、陸上で起こった化学風化の程度を調べる指標となる（**コラム6**）。重要なのは、陸上の環境が湿潤化した場合、ストロンチウム同位体比はそれ以前より上昇する点だ。

岡山大学でストロンチウム同位体比分析を進めた結果、驚くべきデータが得られた。「ファースト」に入った途端に、ストロンチウムの同位体比がこれまで見たこともないような上昇を記録していたのだ。[148] ミヒャリクがカオリナイトの存在から推定していた、湿潤な気候へのシフトを裏づけるものである。間違いなく「ファースト」以降に、気候はより湿潤化していたのだが、ストロンチウムの同位体比の上昇は予想以上に急激だった（図6・3）。

ストロンチウムのデータには、ほかにも気になる点があった。ストロンチウム同位体比は「ファースト」の後で急増するものの、「セカンド」のタイミングに差しかかると、今度は逆に急激に低下していたのだ。まるでジェットコースターのレールのようなカーブを描いている。低下したストロンチウム同位体比は、湿潤化から一転して、大地の「**乾燥化**」が急激に進んだことを意味する。

スランプ堆積物ふたたび

さらにスロバキアでは、もう一つ気になる大地の変化が記録されていた。ポール・オルセンやマイケル・シムズらの天体衝突説で登場した、スランプ堆積物である（第3章参照）。

スランプ堆積物は、ヨーロッパの広域でみられるので、マグニチュード一〇を超えるような巨大地震で形成された海底地滑りの痕跡とみなされてきた。[69] そしてその原因は、直径が二キロを超えるような天体の衝突に求められてきたが、クレーターが見つからず、この説は退けられている。最近は、スランプ堆積物にあまり注意が払われてこなかった。

スロバキアでみられたスランプ堆積物の年代は、「セカンド」の直前である。[148] さらに、ほかの地域から報告されているスランプ堆積物の年代を整理し直すと、やはり「セカンド」の直前を示していた。この時期は、上昇したストロンチウム同位体比が急激に低下する時期――すなわち乾燥化が進んだ時期――と一致する。これらのデータはいったい何を意味するのか。

シダ胞子もふたたび

大地の変化に注意を払うと、かつて大きな変化が二回あった。一つは、「ファースト」以降、大地が受けた激しい化学風化である。比較的乾燥した気候から、温暖で降水量が多い気候へと急激に変化したためだ。しかし、なぜかこの湿潤化の記録が、「セカンド」直前に終わりを迎えて乾燥化へと転じている。これはストロンチウム同位体比の低下によって示唆される。そして同時期に、海底斜面が地滑りを起こして、スランプ堆積物が形成された。いったい大地では、何が起こったのだろうか？

対照的に海の生態系や多様性は、「ファースト」以降も損なわれず〝豊かな海〟が保たれている。ただし、「セカンド」にいたると突発的に有孔虫の絶滅が起こっていた。

あれこれと考えているうちに、あることを思い出した。陸上の植生についてである。気候が変われば植生も変化する。そういえば、ポール・オルセンが天体衝突説を唱えるきっかけとなった、シダ胞子の急増が確認されたのは陸上の地層であった（第3章参照）。

一方、タトラ山脈の地層は、陸地から比較的近く浅い海で堆積したものである。そのため、陸上から花粉化石や胞子化石が流れ込んできたはずだ。

ミヒャリクにこの件について尋ねてみると、彼らの研究グループは、ヨーロッパの中でもいちはやく、シダ植物の胞子が三畳紀末に急増した現象を報告していたことを教えてくれた。[156][157] ミヒャリクらの研究をまとめると、シダ胞子の急増は「ファースト」と「セカンド」の間で発生していた。さらに三畳紀の森林の主体を占めていた、イチョウ、マツ、ソテツといった裸子植物は、「ファースト」のタイミングを境にして徐々に失われていた。[157]

まったく同じ結論が、ヨーロッパの各地からも報告された。[158]〜[160] 裸子植物からなる三畳紀の森は、「ファースト」に入ると衰退をはじめたのだ。

オルセンの説では、天体衝突によって荒廃した大地に、シダ植物の胞子がいちはやく侵入して繁茂したとされていた。植生が失われた大地に最初に根付くのは、遠方からでも風に乗って胞子を運ぶ能力に長けるシダ植物であるためだ。一方で、シダやスギナが放出する胞子は、繁殖に湿潤な環境を必要とする。カオリナイトやストロンチウム同位体比はたしかに湿潤化したことを伝えているので、「ファースト」から「セカンド」にかけてのシダ胞子の増加は整合的なデータにも見える。しかし、なぜ裸子植物は衰退したのだろうか?

事件の再考

スモールワールド出現の謎を解く鍵は、「ファースト」と「セカンド」の間に起こった大地の変化にあるのかもしれない。おもしろいことに、かつて天体衝突説の根拠となっていたスランプ堆積物やシダ胞子の増加まで再登場した。

時間を追って、陸上で何が起こったか、事実関係をもう一度整理しよう。これから整理する事象については、根拠となるデータがあるかどうかをはっきりさせておく必要がある(図6・4)。

いまから二億一六〇〇万~一七〇〇万年前、CAMP火成活動によるマグマがアマゾン盆地の地中で、堆積物にふくまれる有機物を燃焼し、大量の二酸化炭素が大気に放出された。燃焼がはじまった年代は、「ファースト」と同じ時期である。

しかし葉化石の気孔密度の研究からは、「ファースト」以降に二酸化炭素が急増したことを示すデータは得られていない。大地を構成する鉱物が風化される過程で、アマゾン盆地から放出された二酸化炭素が消費された可能性がある。

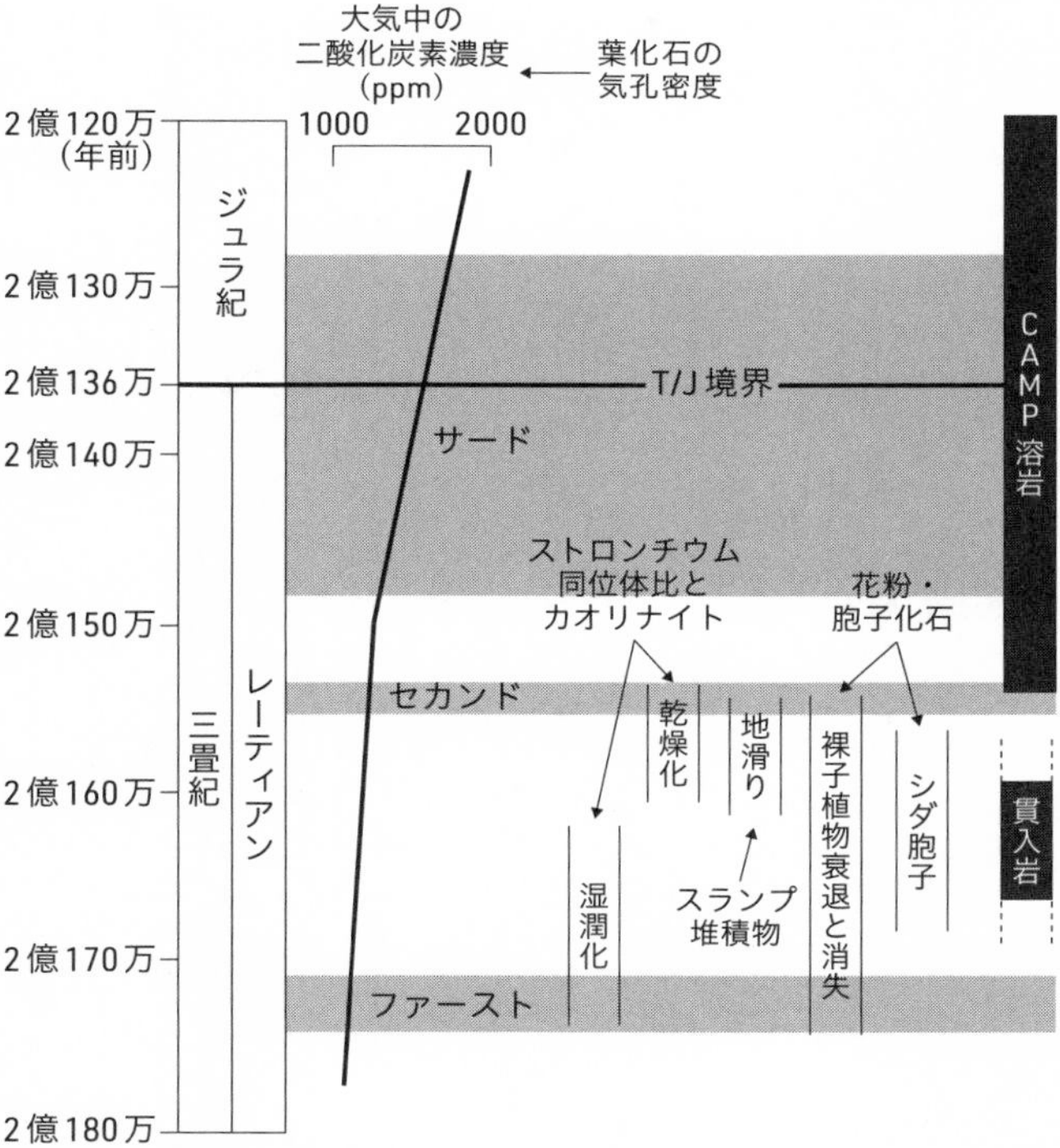

図6・4 三畳紀末における陸上の変化とその証拠

ともあれ、二酸化炭素の増加は、気候の湿潤化を導いたらしい。湿潤化については、ストロンチウム同位体比とカオリナイトの増加という地質学的な根拠がある。また陸上の植生は、湿潤環境を好むシダ植物が優勢となっていった。気候の変化がきっかけとなったのだろうか、堆積物中にふくまれる花粉化石は、「ファースト」以降に、裸子植物の植生が衰退したことを示している。「セカンド」に差しかかるとストロンチウム同位体比が急激に低下する。ふたたび乾燥気候へと変化したのだろうか。同時期にスランプ堆積物がヨーロッパ各地で確認されている点も気になる。

整理してみると、まったく理由づけされていない大地の変化が三つもあることに気がつく。「ファースト」から「セカンド」にかけて起こった、「裸子植物の消失」「ストロンチウム同位体比の低下」「スランプ堆積物の形成」である。これらを結びつけ、当時の様子を思い浮かべると、次のシナリオが描ける。

陸地から森が消え、大地は乾燥し、地滑りが頻発した。

この変化は、二酸化炭素の連鎖モデルでは想定されていない事態であり、海で起こった無酸素化や酸性化とも直接結びつかない。しかし私は、スモールワールド出現の原因が、これらの未解決問題に隠されていると確信していた。たった一つの、きわめて単純なファクターを組み込むことで、スモールワールドへの道筋が完璧に整うのである。手がかりを教えてくれたのは、最初におとずれた地ニューカレドニアの「モノチス・カルバータ」だった。

コラム6 ストロンチウム同位体比

温暖で湿潤な環境で、ストロンチウム同位体比が上昇する原理について、ストロンチウム87（以降^{87}Sr）の起源をさかのぼりながら説明しよう。

^{87}Srは、天然の放射性同位体であるルビジウム87（^{87}Rb）が、放射線を放出しながら崩壊（これを放射壊変という）することで、生成される。そしてこのルビジウムには、よく似た化学的性質をもった元素が存在する。同じ電荷をもち、イオン半径が近い、カリウム（K）である。そのためルビジウムは、カリウムを主成分とする鉱物中にわずかにふくまれる。

さて、このカリウムをふくむ鉱物は、すでに紹介した。地球上で最もありふれた鉱物、長石である。

ここでいま一度、長石からカオリナイトが生成される反応（コラム5の式⑷）を振り返ろう。この式で長石にふくまれるカリウムの行方に着目してほしい。化学的風化作用が進むと、カリウムイオン（K^+）が水に溶けて放出される。このとき、カリウムイオンと同様にルビジウムイオンも放出される。そうすると、^{87}Rbが海洋に多くもたらされるので、これが放射壊変してできる^{87}Srも増える。^{87}Srをふくむストロンチウムは最終的に、炭酸カルシウム中のカルシウム（Ca）を置換する形で石灰岩に入り込む。

一連の流れでとらえてみよう。湿潤な気候になり、長石の化学風化が進行すると、海洋にもたらされる^{87}Rbが増える。^{87}Rbが放射壊変してできる^{87}Srも増えることとなり、石灰岩に記録される^{87}Sr／^{86}Srが上昇するのである。カオリナイトも湿潤環境の指標になるが、ストロンチウムの同位体比の上昇する期間や上昇幅を調べれば、化学風化の程度を定量的に知ることができるのだ。

〈長石の化学風化〉

$$2KAlSi_3O_8 + 2CO_2 + 11H_2O \rightarrow Al_2Si_2O_5(OH)_4 + 4H_4SiO_4 + 2K^+ + 2HCO_3^-$$

$2KAlSi_3O_8$	$2CO_2$	$11H_2O$	$Al_2Si_2O_5(OH)_4$	$4H_4SiO_4$	$2K^+$	$2HCO_3^-$
カリ長石	二酸化炭素	水	カオリナイト	ケイ酸	カリウムイオン	炭酸水素イオン

第7章

消失

世界の変化

「まるでＰＥＴＭだ。もう一度試料をつくり直してチェックしようか」

パドヴァ大学のマニュエル・リゴが、パソコンの画面越しに語りかけてきた。世界は近くなったようにも感じるし、逆に遠くなったようにも感じる。

二〇二〇年、新型コロナウイルスのパンデミックが、世界を大きく変えた。二〇一七年と二〇一八年に、イタリアに長期滞在した私は、リゴとともにいくつかの論文をまとめた。二〇一九年には、岐阜とシチリアを共同で調査し、三畳紀末の世界にかんするデータの蓄積に努めた。そして二〇二〇年三月以降、どこかへ調査に行くことも、お互い会うこともなくなった。交流の手段は、ＳＮＳかオンライン・ミーティングしかない。

私たちはオンラインで、論文の改訂作業に追われていた。第1章のニューカレドニアの調査で登場した、モノチス・カルバータと名づけられた二枚貝の小型化と絶滅の謎をまとめた論文である。[161] 論文は、三畳紀の研究者らが企画した「三畳紀末絶滅にかんする特集号」の一編として、『アース・サイエンス・レビューズ』という専門誌への掲載を目指していた。

いま話題にしている「ＰＥＴＭ」とは、「Paleocene-Eocene Thermal Maximum」の略語であ

る。日本語では「暁新世－始新世温暖化極大」という、奇抜なSF小説のタイトルのような名前に訳される。PETMは、いまから約五五〇〇万年前に発生した、世界的な気温上昇のイベントである。世界平均で五～八度の温度上昇があったと推定されている。[162][163] そして、炭素同位体比の負異常、カオリナイトの増加、海洋酸性化、有孔虫の絶滅など、温暖化に関連して起こったさまざまな現象が報告されている。[164]～[166] この温暖化の引き金となったのは、北大西洋火成岩石区（North Atlantic Igneous Province）と名づけられた地域の火成活動による二酸化炭素の増加らしい。[167][168]

リゴは、モノチス・カルバータが絶滅した時代には、PETMに匹敵するような気温の上昇があったことを知っていた。彼は、「コノドント」の化石を解剖して、内部組織の酸素同位体比（^{18}O／^{16}O）を分析することで、三畳紀の海水温を復元した研究で有名だ[169]（**コラム7**）。彼が分析したところ、モノチスが絶滅した時代には、約六度の海水温の上昇がみられた。[170] PETMについて報告されている値とほぼ同じ温度変化である。私たちは、このデータが本当に正しいのか、再分析する必要性に迫られていた。ただし、研究に用いてきたコノドントの保存状態は良好で、六度上昇という結果も再分析によって大きく変わりはしないだろう。

私たちは、モノチスの急激な小型化が〝三畳紀版PETM〟とでもいうべき、超高温化によって起こったのではないかと考えるようになっていた。モノチスの小型化は、ニューカレドニアでみたモノチス・カルバータに限らず、世界各地から見つかるモノチス属の分類群すべてに認められる現象である[12][44][171]。

体サイズの変化

生物の体サイズの変化は、温度だけではなく、さまざまな要素の影響で決まる。寿命、発育速度、捕食者と被食者の関係、その他諸々の生理的パラメータがあり、モノチスの小型化がなぜ起こったかを特定するのは、ほとんど不可能に思える[172][173]。

しかし、モノチスの小型化が報告されている堆積物の深度や、生息場の砕屑粒子の粒度、化学組成から推定される溶存酸素濃度には、小型化する前の時代と比べて変わりはない。そのため、餌資源や生息場の砕屑粒子の大きさ、溶存酸素濃度といった環境要因は、体サイズの小型化に関係していないだろう。消去法的に、温度が体サイズに影響を与えた可能性があるとの選択肢にいたる。

ただし、温度による小型化を仮定した場合、いくつか考慮すべき点がある[174]。

まず、ある種の外温動物（外部の温度により体温が変化する動物）は、低い温度環境で発育すると、より大きい体サイズで成熟することが知られている[175]。これを「ベルクマンの法則」とい

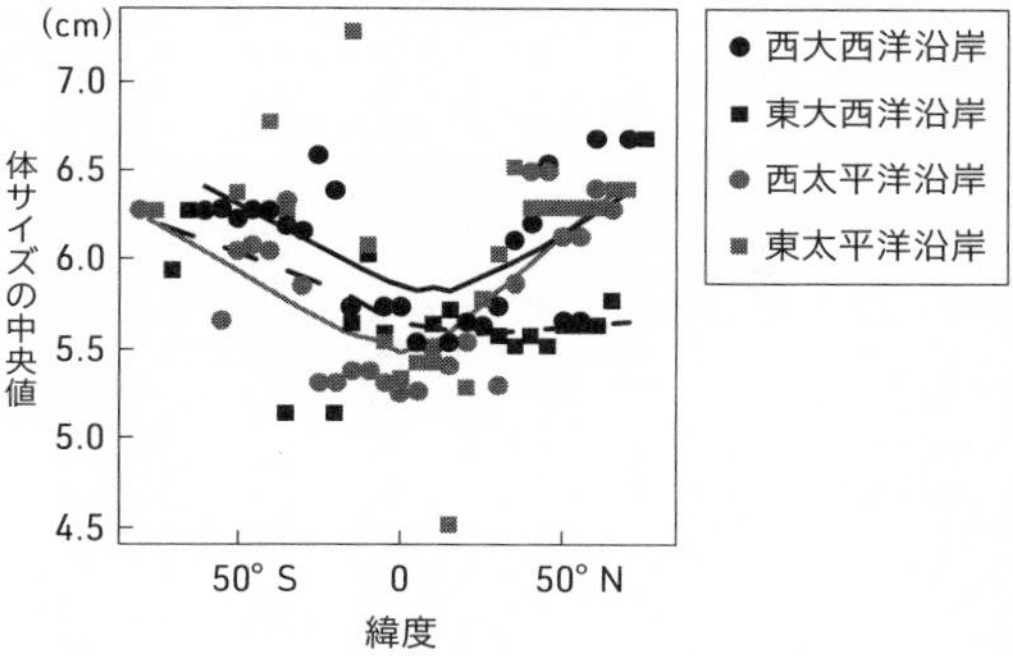

図7・1 | イタヤガイ類の緯度とサイズ分布の関係

う。そのため、寒冷化の時期には、体長を大きくする方向に進化するという仮説が、貝形虫の研究から提唱されている。[176] 逆もまた然《しか》りであり、経験的一般則として、「暑いことは小さいことだ（hotter is smaller）」と形容される。[177] 同じ時代でも、温暖な低緯度ほど、体サイズの小さな個体が見いだされる傾向にあり、これは「ベルクマン・クライン」と呼ばれている。

では化石記録にもとづいて、温暖化と小型化の関連性が論じられたケースはあるだろうか。化石の小型化傾向は、『ガリバー旅行記』に登場する小人国リリパットにちなんで、「リリパット効果」と呼ばれている。[18][174][178] リリパット効果はおもに、ビッグファイブが起きた時代に顕著にみられるが、ベルクマンの法則が適用できるか検証した例はない。[174][178]

ただし、モノチスが属するイタヤガイ類にのみ注目すると、この分類群は化石と現生の両方で「高緯度のものほど大きく、低緯度のものほど小さい」傾向があることが知られる[179][180]（**図7・1**）。これは典型的なベルクマン・クラインであり、イタヤガイ類に限っては、おそらく温度上昇に関連した生息環境の変化が、体サイズの小型化につながる要因とみてよいだろう。[※11]

三畳紀末の気温

イタヤガイ類にみられるベルクマン・クラインと、六度の海水温上昇を組み合わせると、モノチスの小型化をうまく説明できる。一方、私たちが提出した論文の査読者は、海水温上昇について、慎重に再分析をするようにと勧めてきた。コノドントの酸素同位体比分析は、大型の研究費を必要とする仕事であり、とうていすぐには対応できない。そのため、主張のトーンを大きく弱めて、温暖化とモノチスの小型化との関連については深く立ち入らないようにした。

私たちは、論文の改訂作業を通じて、「三畳紀末の小型化はなぜ起こったのか」という疑問について議論する機会を増やしていた。三畳紀末の小型化も、モノチスの小型化と同様に、温暖化が原因ではないだろうか？

超高温化した世界と小型化——。

たしかに海洋酸性化も無酸素化も、小型化の原因となる可能性はある。[18] しかし、それらは副次的な海洋環境の変化であり、本質的には超高温世界が三畳紀末の小型化を導いたのではないか——。

気になった私は、三畳紀末に起こった温暖化と小型化のタイミングを整理してみることにした。まず、気候の温暖化や湿潤化は「ファースト」から「セカンド」にかけて起こっていた。そのように考える根拠は、ストロンチウム同位体比の上昇やカオリナイトの増加である。続いて海洋生物——とくに有孔虫、メガロドンをふくむ二枚貝、コノドントなど——の小型化と絶滅は、「セカンド」と同時期に起こっている。

問題は、「ファースト」と「セカンド」の間の期間に、いったいどの程度温暖化が進んだのか、具体的な温度が求められていないことにある。過去の海水温の変化は、先に紹介したコノド

※11 ただし、体サイズの変化が、遺伝的変異によるものか、環境の変化に適応した表現型の変化（表現型可塑性）なのかはわからない点に注意が必要である。

ントの酸素同位体比から推定できる。ところが、この時代の地層からは、分析に使えるような大きさのコノドントがほとんど見つからない。

カキの化石を使った研究からは、「サード」の時期に約一〇度もの海水温上昇があったとされる。[119] しかし、温度上昇が「セカンド」より前からはじまっていたのかは、わかっていない。スロバキアの石灰岩から得た酸素同位体比のデータは、「ファースト」以降に低下がはじまっているので、[148] このときから海水温は上昇していたのかもしれない。ただ、残念ながら、このデータからは具体的な海水温を復元できない。

モノチスの絶滅をめぐる研究に一段落つけると、私とリゴは「ファースト」と「セカンド」の間の気温や海水温を復元する方法を探ることになった。再投稿した論文も幸い、「三畳紀末絶滅にかんする特集号」の一編として掲載される運びとなった。この特集号は、受理された論文から順に、オンラインで掲載される形式だったので、私もたびたびそのウェブページを覗いていた。

そして二〇二〇年九月、特集号に衝撃的な論文が追加された。論文のタイトルは次のようなものであった。

「三畳紀末の森林消失にともなう壊滅的な土壌流出」

海で生物が小型化したとき、陸では森と土壌が消えていた。

森林消失と土壌流出

ユトレヒト大学のバス・ヴァン・デ・シュットブルージュは、花粉化石と地球化学を操るハイブリッドな研究者として有名である。彼を筆頭とする研究グループが「三畳紀末の森林消失にともなう壊滅的な土壌流出」[181]と題した論文で主張したのは、タイトルにも示されているように、三畳紀末の「**森林消失**」と「**土壌流出**」だ。

まずは森林消失（森林崩壊）について見ていこう。シュットブルージュらは、ヨーロッパ各国の浅い海の堆積物にふくまれる花粉の量が、「ファースト」から「セカンド」の間の期間※12で、一〇〇〇分の一にまで減少したことを明らかにした。この現象は、当時の陸地に生えていた樹木の植生被覆が、大部分失われてしまったことを意味していた。陸地から、イチョウやソテツといっ

※12 シュットブルージュらは、「ファースト」から「セカンド」の間の期間に特徴的に見つかる胞子の名前をとって「トラリティス層」と呼んでいる。

た裸子植物の森が、ほぼ完全に消えてしまったのである。代わって陸上では、シダ植生が繁茂し、ジュラ紀に入るまで森林が回復することはなかった。

シュットブルージュはまた、この森林消失と同時に壊滅的な土壌流出（土壌損失）が起こったと論じた。この主張は、通常みられないような化石記録にもとづいているので、少し解説が必要である。

「ファースト」と「セカンド」の間の期間の後半に形成された地層からは、三畳紀より二億年以上古い時代——古生代シルル紀やオルドビス紀——の、「アクリタ ーク」とよばれる海生の微化石が見つかる。アクリタークは分類ができない海生微化石の総称であるが、古生代においては示準化石として使われている。奇妙なことに、このアクリタークは、地層が新しくなるにつれて、より古い時代のものが見つかる傾向にあった（**図7・2**）。

このような化石記録を説明する方法は、地質学的には一つしかない。陸上に露出した地層の侵食と再堆積である。

陸上の岩石はふつう、土壌と植生によって被覆されている。しかし森林消失と土壌流出が起こると、土壌の下にある岩石がむき出しの状態で地表に顔を出す。このとき現れた岩石が、アクリタークをふくむオルドビス紀とシルル紀の地層だった。二つの年代の地層の上下関係は、シルル

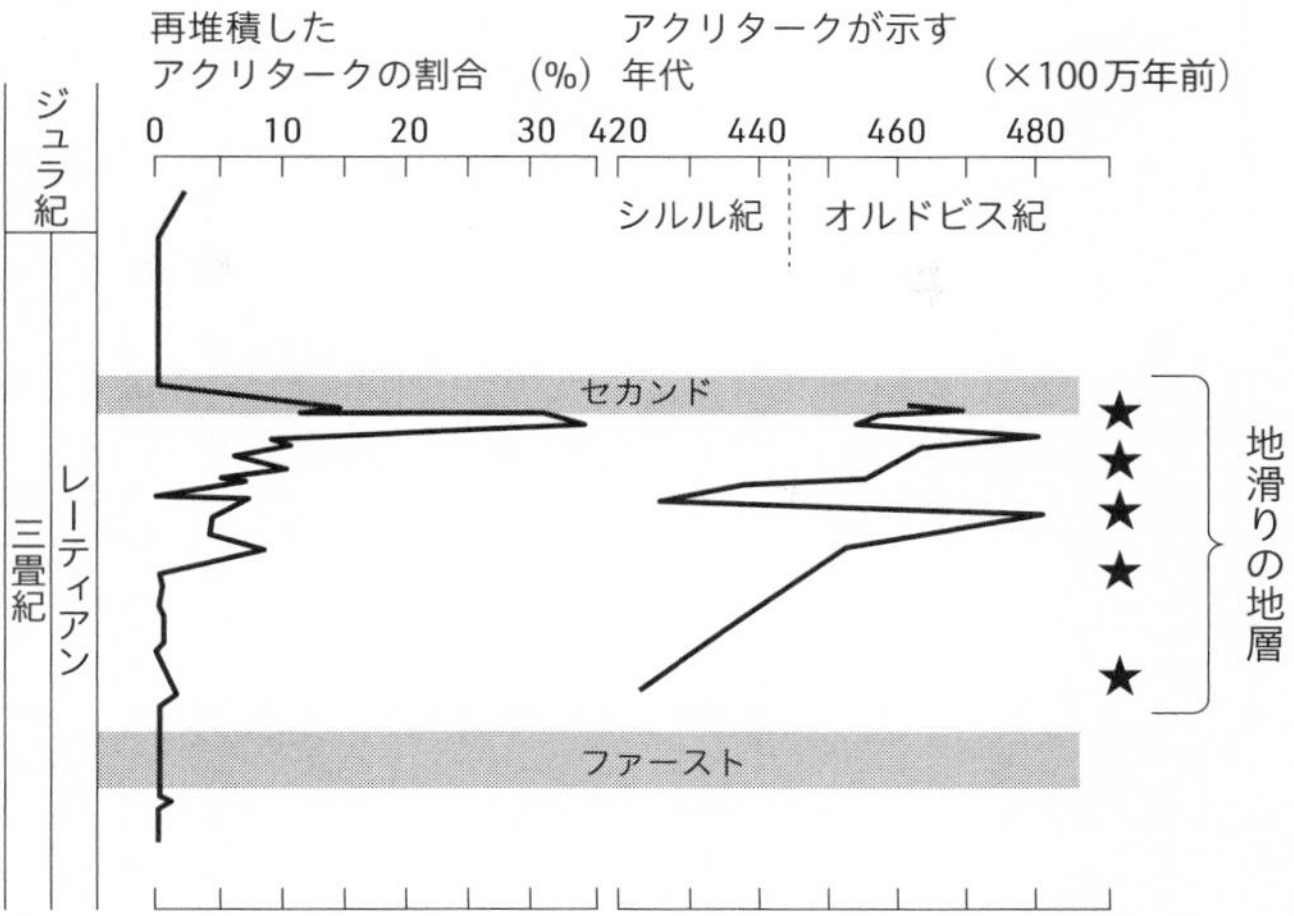

図7・2｜三畳紀末に再堆積したアクリタークと地層年代の逆転

紀のほうが時代的に新しいので、「シルル紀が上、オルドビス紀が下」である。

地表の植生や土壌が失われた状態で侵食が続くと、まずは上にあるシルル紀の地層が削られて砕屑粒子となる。シルル紀の砕屑粒子は、アクリタークとともに海に堆積する。その後も陸上で侵食が続くと、今度は下にあるオルドビス紀の地層が削られて砕屑粒子となり、こちらも最終的には海に堆積する。すると海に堆積した地層には、「シルル紀が下、オルドビス紀が上」という年代の逆転した地層が形成される。このような時代逆転層は、地表から土壌がなくならない限り形成されることはない。

もう一つ、シュットブルージュが土壌流

出の証拠として注目したのは、胞子の腐食痕である。シダ植物の胞子はふつう、土壌中の菌類やバクテリアによって胞子壁の生物学的分解が起こる。このとき胞子表面には、腐食した痕（腐食痕）が残されるが、年代の逆転がみられる期間の胞子には、腐食痕がほとんどない。このことは、地表から土壌が失われたために、土壌中の微生物による腐食の痕跡が残されなかったと考えることで、説明が可能である。

荒れ果てた大地

もしもシュットブルージュらが主張するように、植生被覆が失われて地表から土壌がなくなっていたとしたら、これまで抱えていた疑問が解決する。

まず、スロバキアの石灰岩に記録されたストロンチウム同位体比の変化を、かなりうまく説明できる。ストロンチウム同位体比は、「ファースト」以降急上昇したのち、「セカンド」の直前に急降下する（第6章図6・3参照）。ストロンチウム同位体比上昇の理由は長石の化学風化だが、もし陸上から土壌が失われてしまうと、その風化を起こすのが難しくなる。なぜなら、長石の化学風化には、水と二酸化炭素が必要であるが、これらは土壌中にふくまれる水分や、微生物による有機物分解の際に出る二酸化炭素によるところが大きいためだ（第6章参照）。さらに植物の根から出る有機酸も、長石の化学風化に一役買っている。土壌がなくなってしまえば、陸上の化学風化は著しく低下するので、ストロンチウム同位体比も低下するだろう。

次に、スランプ堆積物の存在も説明可能だ。これはそもそも地震の痕跡と言われていた海底地滑りの堆積物だが、地震を起こさずとも斜面の不安定化によって形成しうる。そして、もし陸上から植生被覆や土壌がなくなってしまえば、陸上での地滑りは頻繁に発生しておかしくない。また地下水面の深さも大きく変わるので、その影響で浅い沿岸域でも、海底地滑りが起こるのかもしれない。この点は、シュットブルージュによっても指摘されている。

最後に、シュットブルージュは、「セカンド」における石灰岩の堆積停止も、陸上から大量の土砂が浅い海に流れ込んだために起こったとするアイデアを提案した。石灰岩の堆積停止は、たんに土砂で石灰岩が埋まっただけ、というのである。こういう場合は、わかりやすい痕跡が地層に残されるのではと思われるかもしれないが、石灰岩の堆積が停止したのか、土砂で埋まったのかを地層から判断することは、じつはかなり難しい。そして、たしかにこの方法なら、石灰岩の堆積が続いていたシチリアやロンバルディは、土砂流入の影響がおよばなかった海域と説明できる。

何ということはない。石灰岩の堆積停止は、海洋酸性化や、サンゴなど炭酸カルシウムの骨格をもつ生物の危機とは無関係かもしれないのである。よく考えると、海洋酸性化説は、たんに石灰岩の堆積が停止するのは酸性化が起こったからではないかという推論であり、当時の海洋の水素イオン濃度（pH）が調べられたわけではない。

このように、シュットブルージュの説は、いくつかあった未解決問題を説明できる点で魅力的である。森林の消失など、考えたことがなかった。土壌も植生被覆も失った大地は、地表水を蓄える能力を失って乾燥し、荒れ果てた景色となっていただろう（コラム8）。

孤立する海

森林や土壌を失ってしまった大地は、海の生態系にどのような影響を与えるだろうか。このような疑問に答えるには、松永勝彦氏（北海道大学名誉教授）の名著『森が消えれば海も死ぬ　第2版』（講談社ブルーバックス）が参考になる。

私自身は土壌の専門家ではないので、詳しく言及できないが、少なくとも次の三つの環境変化が起こるだろう。

まず土壌流出は、河口域や沿岸域に大量の砕屑粒子や粘土鉱物粒子をもたらす。シュットブルージュも指摘しているように、サンゴ礁などの生態系をもつ堆積環境に土砂が流れ込むと、底生・固着性の生物は、土砂に埋もれて死んでしまう。また、二枚貝のように移動能力があったとしても、ライフサイクルの初期に幼生が固い岩場に着床する必要のある生物は、壊滅的な影響を受ける。実際このような土壌流出は、現在のマダガスカル（コラム8）の河口域でも問題となっている。

さらに、土壌中で起こっていたバクテリアによる有機物の分解や、鉱物の化学風化がなくなると、陸上から海への栄養塩の供給も停止する。もし生物の棲む土壌がない場合は、風化の速さは一〇〇分の一から一〇〇〇分の一程度に落ち込み、そのぶん栄養塩の供給も減る[182]。

また、海の生態系の基礎を支える植物プランクトンは、硝酸塩を使って成長・増殖するが、この窒素代謝にかかわる多くの酸化還元反応に、鉄の関与が知られている。そのため植物プランクトンは、生きていくために海洋中の鉄を必要とする。鉄は鉱物の化学風化によって生成されるが、たんに水に入った鉄イオンは水溶性が低いために、通常固体になりやすい。そうなると、生命活動に利用するのは難しい。

松永氏の説明によれば、鉄は腐植土中でフルボ酸と結びつき、このフルボ酸鉄が海で植物プランクトンの生産に利用されている。そのため、もし陸上から土壌が失われてしまうと、フルボ酸鉄の供給がストップして基礎生産が損なわれ、海の生態系が崩れてしまう。

このように、ヨーロッパで確認された森林消失と土壌損失は、当時の沿岸海域の生態系に壊滅的なダメージを与えた可能性がある。

消えた森の謎

シュットブルージュは森林消失を引き起こした原因について、二つの可能性をあげている。一つ目は、ＣＡＭＰ火成活動に関連して放出された二酸化硫黄（SO_2）である。二酸化硫黄は大気中で硫酸エアロゾルとなり、その後硫酸の雨として地上に降り注ぐ（**コラム９**）。この雨が森林消失を引き起こしたのではないか、というのである。

硫酸の雨が降ったことを示す、地質学的な証拠はない。しかし「ファースト」以降の地層から、黒色に変色した胞子の化石が見つかることがある。胞子を硫酸につけると黒色に変色することから、シュットブルージュらは、この黒色胞子が硫酸酸性雨の証ではないかと考えている。[159]

彼らは二つ目の可能性として、大規模な「**森林火災**」を提案している。実際、ヨーロッパ各国の地層からは、「ファースト」から「セカンド」にかけて、大量の煤《すす》や、森林火災で生じる炭化水素が堆積物中から報告されている。[98][159][183][184] また、Ｔ／Ｊ境界の葉化石の気孔の研究で名を馳《は》せたジェニファー・マッケルウェインは、三畳紀末に森林火災が多発した理由についてユニークな説を唱えている。※13

彼女によると、三畳紀末の温暖化の影響で、小さな葉や分裂した葉をもつ植物が増えたという。そして、このような特徴をもつ葉は落雷などで燃えやすいため、森林火災が多発したというのだ。[98] 補足すると、葉の幅が狭いものは、日光に当たる部分を少なくして〝オーバーヒート〟のおそれを減らし、なおかつ風通しをよくすることで熱を効果的に分散できている。[185] 一方で、葉の幅が狭い植物は、表面積の大きい広葉樹に比べると水分量が少なく、葉も細いために着火が早く、延焼速度も速いのである。[98]

温暖化によるオーバーヒートを防ぐために、植物の葉化石がより幅の狭いものへと変化した現象は興味深い。超高温化した世界は、海で生物の小型化（＝スモールワールド）を、陸では植物の葉の形態変化をもたらしたのだ。

超高温世界が、海で生物の小型化を導いたとする説について、私とリゴは検証をはじめている。現状では「ファースト」と「セカンド」の間の海水温の復元にはいたっていない。しかし私たちは、この時期に海水温が跳ね上がったとにらんでいる。

※13　火災が森林崩壊を引き起こしたとする説には、シュットブルージュは慎重な立場をとっている。なぜなら、この時期の大気酸素濃度は過去二億年のうちで最低であり、世界各地の森林を燃焼させるために必要な酸素濃度の一五パーセントを下回っていたためだ。

では超高温世界は、陸にどのような変化をもたらしたのだろうか。植物の葉の形が変化し、森林火災が多発した。それだけで、「消えた森の謎」を説明できるだろうか。また、陸に棲む動物は、どのようにして超高温世界を生きのびたのか、あるいは絶滅してしまったのか——。

これから先で語ることについて

シュットブルージュの研究成果までが、いまわかっている大地の変化である。これより先のページで語ることは、限られたデータからの推論が主体となる。私がこれから語る絶滅論は、これまで提案されてきたどの理論とも異なる。立脚すべきデータに乏しいため、真実からは遠く離れている可能性も高い。「研究者たるもの徹底して真実を追究せよ。そしてその成果は学術論文として公表すべし」とする科学的姿勢からも逸脱するので、それでもかまわないという読者のみ、ページをめくってほしい。

あるいは、大量絶滅にかんする正しい知識を得るために本書を手にとられた方や、研究者の科学的姿勢を尊重する方は、ここで本書を閉じることをお勧めする。自身で謎解きに取り組まれてみてもよいだろう。

謎解きに挑戦する読者のために、私の研究ノートに整理された「三畳紀末のおもな出来事」リストを記しておく。このリストのすべての出来事がどうして起こったのか、具体的かつ説得力をもって説明することが宿題だ。リスト中の一一の出来事は、おおよそ発生した時刻にそって並んでいる。巻頭に付した地質時代年表のまとめも、あわせて参考にしてほしい。

おもな出来事

①　湿潤化
②　富栄養化
③　無酸素化
④　消えた二酸化炭素
⑤　森林消失
⑥　乾燥化
⑦　森林火災
⑧　土壌流出
⑨　海底地滑り
⑩　スモールワールド
⑪　大量絶滅

次章ではこれらの出来事を、少なくとも従来の研究よりもうまく説明できる、私の絶滅論を紹介する。これは、自身の研究や経験を頼りに、謎解きに取り組んできた私の記録であって、定説化した理論を解説するものではない点にご留意いただきたい。

コラム 7 コノドントの酸素同位体比と海水温

コノドントは、生息した時代の海水の酸素同位体比を記録する。その値を変化させるのは、基本的に海洋の熱交換に関係する降水や蒸発である（165ページの図）。

同じ水分子でも、蒸発しやすさにわずかな違いがある場合がある。質量数16の酸素（^{16}O）をふくむ分子量の小さい水（$H_2{}^{16}O$）は、質量数が18の酸素（^{18}O）をふくむ分子量の大きい水（$H_2{}^{18}O$）に比べて蒸発しやすいのだ。そのため、蒸発が活発に起こる暖かい海では、海水の酸素同位体比（$^{18}O/^{16}O$）の値は大きくなる。

現代のように南北の両極周辺に氷床がある時代には、蒸発した軽い^{16}Oをふくむ水（降水）が氷として蓄積されるため、海水の同位体比は氷床の量に応じて大きく変化する。一方、三畳紀のように氷床のない時代には、酸素同位体比の変化は非常に小さくなる。

コノドントは、大きさが〇・三ミリほどしかない。そのため、化石の個体が堆積当時の微妙な酸素同位体比の変化を記録しているかは慎重な判断を要し、非常に高度な分析も要する。

コラム8 現代の森林消失

三畳紀末の森林消失と土壌流出を想像するには、マダガスカル北西部の森林「アンカラファンティカ国立公園」で現在起こっていることを例にあげるのが適当かもしれない。

この地の年平均気温は二七度でフィリピンと同程度だが、年間降水量は一三〇〇ミリと日本の平均より若干少なく、乾季があるため、熱帯乾燥林が広がっている。[186] マダガスカルでは、人間の到来と家畜の導入にともない、過去一〇〇〇年の間に森林被覆が減少した。[187][188]

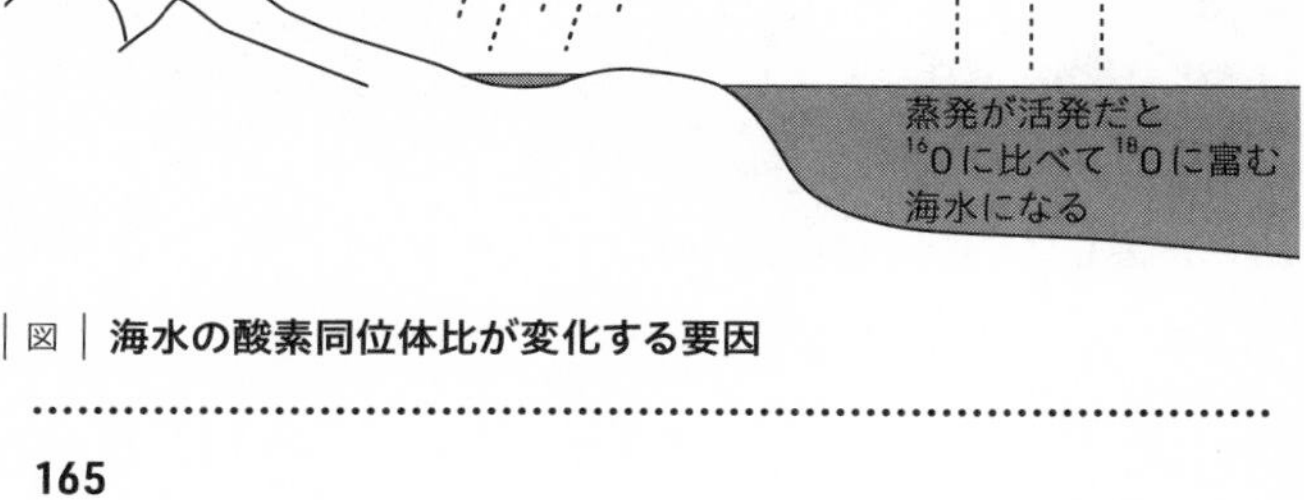
より^{16}Oに富む水に
^{18}Oは降雨により
選択的に取り除かれる
^{16}Oをふくむ水が
^{18}Oをふくむ水より
蒸発しやすい

図 海水の酸素同位体比が変化する要因

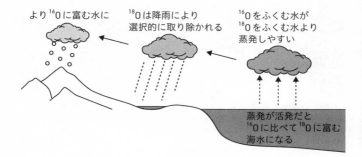

とくに近年はその傾向が顕著であり、一九五三年から二〇一四年の間に、マダガスカルは自然林の四四パーセントを失ったと推定されている。[189]

このような自然林の喪失により、「アンカラファンティカ国立公園」では、「ラヴァカ」とよばれる侵食地形が発達している（下図）。ラヴァカのような小渓谷は、雨による流出水の力が、土地の抵抗力を超えたときに形成される。[190] 土地の抵抗力の大きさは、おもに土壌と植生被覆の状態に依存しており、ふつうはこれらが小渓谷の形成から土地を守っている。[191] しかし、森林破壊により植生が失われた場所では、あっという間にラヴァカが発達する。

図　マダガスカルにおけるラヴァカの例

三畳紀末当時の陸上では、現在のマダガスカルで見られるように、森林植生が失われて土壌が流出し、降雨による流出水が無数のラヴァカを形成して、古生代の地層を侵食したのかもしれない。

コラム 9 火成活動と硫酸酸性雨

火成活動により引き起こされた環境変動の代表例として、一九九一年六月に噴火したフィリピンのピナツボ火山が挙げられる。この噴火では、一五〜三〇メガトンの二酸化硫黄（SO_2）が大気中に放出された[192]。

二酸化硫黄は大気中で三酸化硫黄（SO_3）に変化した後、速やかに水蒸気（H_2O）と結びついて、硫酸（H_2SO_4）の微粒子（エアロゾル）

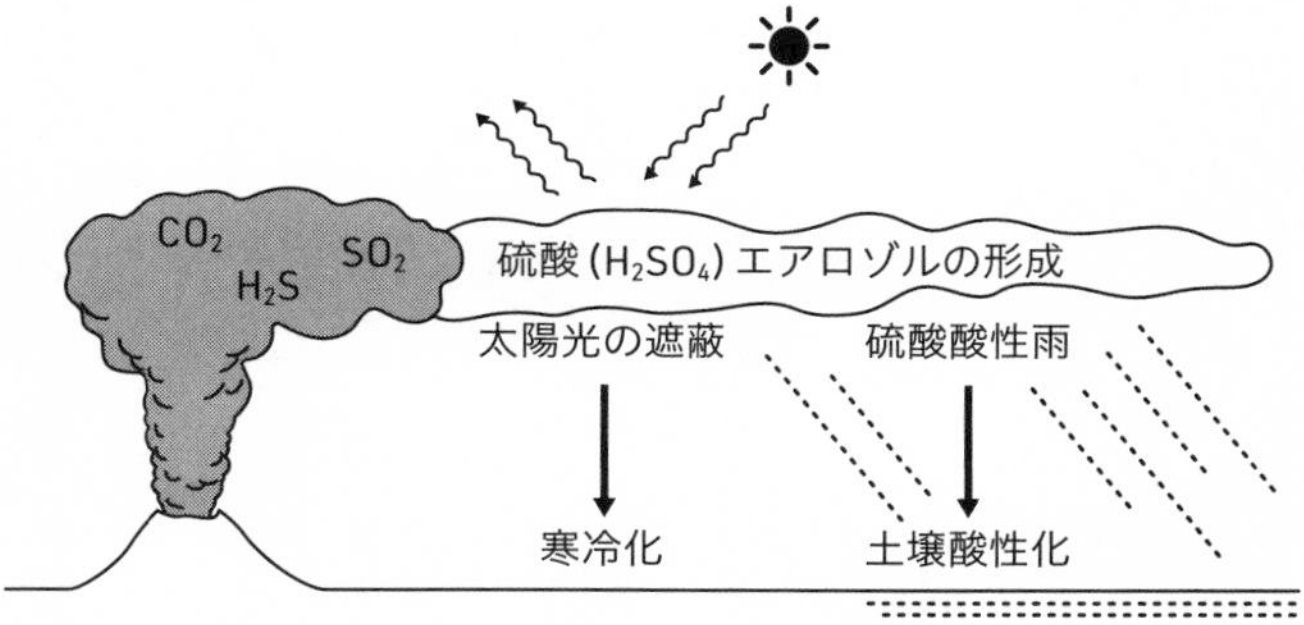

図 火山から放出された二酸化硫黄（SO_2）が引き起こす環境変動

SO_2は大気中の水酸基ラジカル（OHラジカル）や水との反応を経て硫酸（H_2SO_4）のエアロゾルを形成する。

となり、大気中に留まる（下図）。硫酸エアロゾルは、地表に届く太陽光を遮蔽する効果が高いため、結果として、噴火により世界の平均気温は〇・五度低下し、北半球では〇・七度の気温低下が起こったとされる。[193] 硫酸エアロゾルは最終的に、硫酸酸性雨として大気から除去される。

第8章

限界

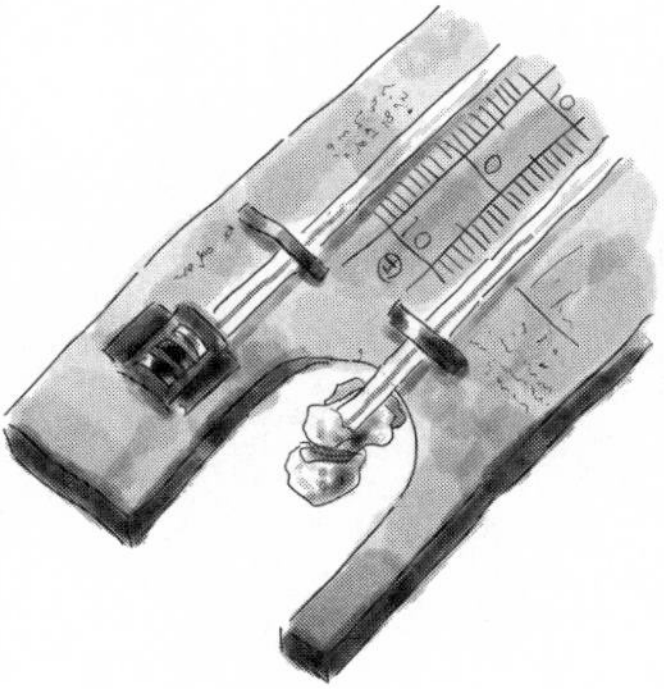

熱中症

いち、にい……。いち、にい……。

両手は膝の上にあり、足は体重任せで、二歩ずつしか放り出すことができない。膝はガクガクと震え、視点はつま先あたりをぼんやりとらえている。ここで歩くのをやめて寝転がり、一晩野宿したら、明日の朝には体調はよくなるだろうか。それとも死んでいるだろうか。

「いち、にい……。いち、にい……」

私は同じことをぶつぶつと呟きながら、ときに湿った枯葉の上を四つん這いになりながら、少しずつ歩を進めていった。

二〇一五年の八月初旬。私は大分県のとある山中で地質調査をしていた。間違いなく猛暑日だったが、「今日は沢歩きだし、日陰もあることだから、熱中症の危険はないだろう」と思っていた。沢とはいっても、水が流れるか流れないかくらいの小さな谷川だった。

ところが、湿気の立ち込める沢を一キロくらい歩いたところで、途端に気分が悪くなった。体温が異常に高い。頭がくらくらして吐き気が抑えられない。全身の痺《しび》れもある。間違いなく熱中症だ。

このとき私は、お茶のペットボトルしかもっていなかった。夏場の調査では、ふだんはスポーツドリンクを持ち歩くのだが、今日は沢歩きなのでお茶だけで十分だろうと、たかをくくっていた。ナトリウムが不足しているのか、お茶を飲んだところで一向に気分はよくならない。

これはまずいと思い、車を止めた展望所に向かって沢を登りはじめた。そう、私は沢を下っている途中で熱中症になったのだ。登りで熱中症ならまだわかるが、とくに息もあがらない下りでの体調悪化であった。

地面に寝転がっては、「本当に死ぬぞ」と自分に言い聞かせて、二〇〇メートルほどの標高差を、三時間以上かけて登りきった。車に着いたときには、日が暮れかけていた。

近くに自動販売機の灯りが見えた。急いでスポーツドリンクを買って飲む。その途端、どこかの国のライオン像のように嘔吐した。今度は少しだけ飲んでみた。また吐きだす。それを何回か繰り返した後、駐車場に大の字になって寝転んだ。空には星が見えはじめていた。

これ以来、日本で真夏に調査をすることはなくなった。たしかにあの日は暑かった。調べたところ、大分の最高気温は三五度。猛暑日だが、とくに珍しくもないふつうの真夏の気温だ。四〇度を超える気温の中、アメリカのモンタナ州で地質調査をしたこともあったが、熱中症になったことはない。しかしなぜか今回の沢歩きでは、あっという間に熱中症になってしまった。もうすぐ四〇歳、年のせいだろうか。

温暖化と日陰

もう少し昔話を続けたい。若い頃の苦い思い出である。それは一九九九年のことであり、教育実習のために、とある中学校をおとずれていたときの記憶だ。私には教師を目指していた時期がある。教育実習先の帰りのホームルームで、中学二年生から当時流行っていたある科学的な質問を受けた。私は意気揚々と質問に答えた。

「いや、温暖化はそんなに心配しなくても大丈夫だよ。暑すぎて死ぬなんてことはめったに起こらないからね。だってほら、曇った日はそれほど暑くないでしょ」

「もし人類の文明の程度が原始時代のままだったとしても、昼は日陰にいれば大丈夫だったろうね。それに、過去の地球では、温暖化は生き物にとってむしろハッピーな時代をもたらしたし、寒い時代のほうがよっぽど食料がなくて怖かったはずだよ」

よくもまあ偉そうに、学部生が聞きかじった程度の知識で説明したものである。無論これは、いろいろな意味で誤りだ。

生命活動の限界温度について知ったのは、例の熱中症を経験してからだが、「日陰にいれば大丈夫」というのは、条件によってはまったく成り立たない。

人間の体は、汗をかくことによって表面から熱を逃がしている。皮膚の上の汗が蒸発するときに、体の熱が消費されるのだ。ところが、湿度が一〇〇パーセントに近づいてくると、汗が蒸発しにくくなるため、体から熱を逃がすことが難しくなる。すると「熱力学の第二法則」がじかに体に効いてくる。

熱力学の第二法則は、「熱は熱いものから冷たいものへと移動するが、その逆は成立しない」と言い表すこともできる。もし湿度が一〇〇パーセントもあれば、体の表面がいくら湿っていようが、風通しがよかろうが蒸発は起こらない。皮膚と空気の間の熱移動は、熱いものから冷たいものへと勝手に進んでいく。気温が体温を超えていれば、体温は気温と同じ温度まで上昇する。

皮膚の温度（皮膚温）は、体の中心（三七度）よりも低く、通常は三五度以下に強く制御されている。もしも、湿度一〇〇パーセントで気温が三五度を超えていた場合は、皮膚から空気への熱の移動が起こらなくなる。そうすると、熱を体外へと発散できなくなり、脳をふくむ体の中心温度（深部体温）はしだいに上昇し、体に異常をきたすようになる。

いま思い返してみると、私が熱中症になったのは、湿度の異常に高い沢を、気温が三五度近くなっていた日中に歩いたせいかもしれない。現地の湿度と気温では、汗の蒸発により皮膚の温度を下げる作用が働きにくかったのだろう。そのため深部体温が上昇し、熱中症になったと考えられる。

熱中症の予防には、こまめに水分や塩分を摂取することはもちろん重要だが、その前に「気温」だけではなく「湿度」にも注意を払わなければいけないことを、このとき初めて知った。沢に生えた木々がつくる日陰は、太陽光による皮膚温の直接的な上昇は抑えてくれただろうが、「暑くても日陰にいれば大丈夫」は完全な誤りである。

湿球温度計

教育実習ついでに、理科室の話をしたい。みなさんは、理科室の壁にかけられた、一風変わった温度計を覚えているだろうか。温度計の先端の丸い部分が、水にぬれたガーゼで覆われているものだ。これは「湿球温度計」と呼ばれるもので、となりにかけられたふつうの「乾球温度計」と合わせて使うことで、理科室内の湿度を調べることができる（**図8・1**）。

湿球温度計は、私たちの体の仕組みと似ている。ガーゼの水分は皮膚の上の汗に相当する。湿度が低いときは、湿ったガーゼからどんどん蒸発が起こるので、湿球温度計が示す温度は、となりの乾球温度計の示す値よりも低くなる。一方湿度が高いときは蒸発が起こりにくいので、湿球温度計と乾球温度計の温度の差は小さくなる。

どうして湿球温度計の話ばかりしているかというと、温暖化とスモールワールドについて調べているうちに、この温度計をめぐる不気味な論文があることに気づいたためだ。論文は次のことを問いかける。

どれだけ暑く、どれだけ湿度が高ければ、生き物は死にはじめるのか？

ＰＥＴＭ（第７章参照）の研究で有名な古気候学者、パデュー大学のマシュー・フーバーは、とある学会で、地質時代の熱帯の気温がどれほど高かったかについて発表した。聴衆の中には、ニューサウスウェールズ大学の気候科学者スティーブ・シャーウッドがいた。シャーウッドは先の「どれだけ暑く、どれだけ湿度が高ければ、生き物は死にはじめるのか？」という疑問をフーバーに投げかけたが、彼はその答えを知らなかった。

そこで二人が調べてみると、人は皮膚温が三五度を超えると深部体温が上昇しはじめ、皮膚温が三七度にいたると、四時間から六時間で死にいたることがわかった。これは言い換えると、湿

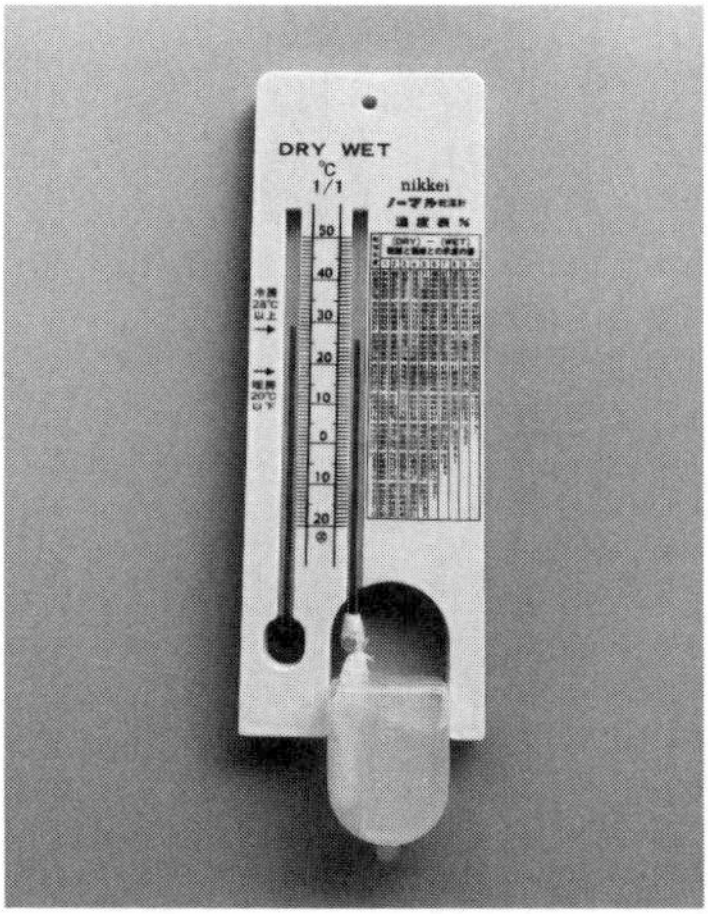

図8・1　湿球温度計

球温度が三五度を超えるような場所では、基本的に人は生きていけないことを意味する。

幸運なことに、現在の地球上には、湿球温度が三五度を超える地域はほぼない。フーバーとシャーウッドはもう一歩踏み込んで、近い将来の温暖化により、湿球温度が三五度を超える場所が出てこないかをシミュレートしてみた。すると、温暖化が七度進んだ場合は、熱帯に湿球温度が三五度を超える地域が出現しはじめることがわかった。さらに一二度の温暖化では、現在の人口のほとんどをカバーする場所で、湿球温度は三五度に達した。[194] シャーウッドの言葉を借りると、このような場所では「日陰にずぶぬれで裸になり、扇風機の前に立っていたとしても、人の体は限界に達してしまう」ことになる。[195] 温暖化の進んだ世界では、私たちはもはやエアコンなしでは生きられない。

生命の限界温度

最近の実験的な研究では、人が耐えられる湿球温度はもう少し低く、湿度が一〇〇パーセントに近い条件下では、三〇～三一度でも六時間過ごすのが限界と考えられている[196]（図8・2）。三五度という理論値は、人が耐えられる上限のようである。実際に、暑さに関連した死亡事例の解析からも、このことが確かめられている[197]。ただし、乾燥した環境ではより高い温度まで耐えられ、たとえば湿度五〇パーセントでは、四二度で六時間は許容範囲である[198]。

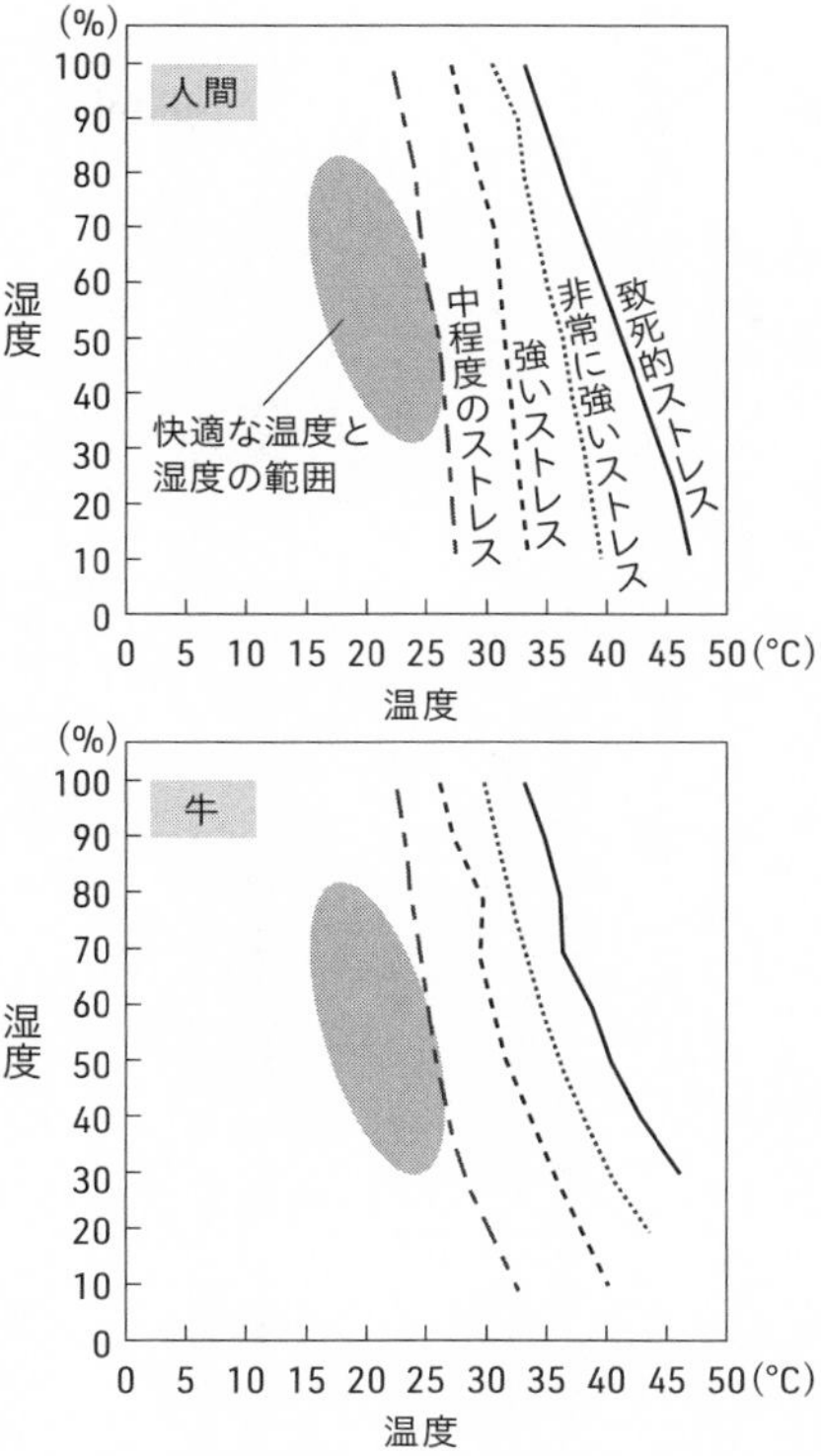

図8・2 人間と牛が生理的ストレスを受ける温度と湿度

灰色の領域は、生命維持と繁殖に必要な生理的努力が最小限に抑えられる（つまり快適な）温度と湿度の範囲。

生存可能な温度の限界について、ほかの動物にも目を向けてみよう。

哺乳類は、体温と重さによりまちまちであるものの、湿球温度三五度が六時間以上継続すると、致死レベルの熱ストレスを受ける。[194][198] 畜産業においては、家畜と家禽《かきん》の熱耐性がよく研究されており、致死温度は人よりもやや低い傾向にあることがわかっている。[198]

昆虫やトカゲなどの外温動物は、行動時間が昼か夜か、あるいは活動場所（開けた場所、巣穴など）によって気温と著しく異なる体温をもつことができる。そのため、どの程度の温度まで生きられるかを推定することは難しい。ただ大まかにいうと、赤道付近では季節的な温度変化が小さいため、外温動物の熱耐性の幅は比較的狭いと推定されている。[199] そして実験室データの豊富なトカゲにかんしては、熱帯林に生息するいくつかの種について、少なくとも夏には、すでに生理的に最適とされる体温を超えている可能性がある。[200] そのせいかどうかはわからないが、実際にコスタリカでは、低地林に棲むトカゲの個体数が減少傾向にある。[201]

水生動物は、陸上とは大きく異なる生息環境で生活しており、致死条件にかんする要素として、温度のほかに酸素量や水素イオン濃度（pH）があるので、詳しい熱耐性はわかっていない。

ただ、潮の満ち引きの影響を受けるような潮間帯に生息する水生動物は、大気の温度変化の影響をじかに受ける。このような環境に生きる水生動物の中には、陸上動物と同程度の熱耐性をもつものが存在する。たとえばエビは、二四度でストレスにより活発に這い回るようになり、三三度以上で腹部の痙攣が起こり、四三度で死にいたる[198]。

フーバーは、熱帯の湿球温度が三五度を超えていた可能性のある地質時代に注目している。とくに彼の専門であるPETMでは、温暖化極大にともなって、一時的な哺乳類化石の小型化が起きたことが知られている。この時代は、熱帯の湿球温度が三五度を超えて、哺乳類が棲めなくなった可能性がある。彼はこの時代の化石を研究することで、近い将来の温暖化で何が起こるのかを予想できると考えている。

スモールワールドの熱帯

ここであらためて、三畳紀末の地球を考えてみよう。当時の気温が、湿球温度で三五度を超えていたかどうかを検証する術はない。しかし、カオリナイトやストロンチウム同位体比研究の視点からは、少なくともヨーロッパでは、熱帯のような湿潤な気候が存在していたといえる。長期的な傾向としては、三畳紀からジュラ紀にかけての世界の平均気温は、現代とほぼ同じ一五度程度と考えられている。熱帯の気温も現代と同じく二五度程度と推定されているので[202][203]、やはり問題は、「ファースト」と「セカンド」の間の約二〇万年間に、どの程度の気温上昇があったか、になる。ただ現時点では、残念ながらその議論を可能にするデータはない。

それでも、もし「スモールワールド」が極端な温暖化によって導かれていたとしたら、熱帯の陸上では湿球温度が三五度を超えてしまい、哺乳類や外温動物の化石記録が消失した可能性があるのではないだろうか。もちろん、陸生動物の化石記録の消失は、絶滅だけではなく、高緯度地域への逃避もありえる。ただ、偏った目でみると、ポール・オルセンが報告した陸上の四肢動物の絶滅は、これら動物の生存可能温度を超えたために起こったのかもしれない、と考えたくなる。というのも、彼が調べたニューアーク超層群は、三畳紀当時は熱帯に位置していたからだ[※14]。

私は、三畳紀末にみられる裸子植物の消失も、植物の生理的な熱耐性温度を超えたために起こったのではないかと考えるようになっていた。当然だが植物は、昼間の暑さを避けて穴に潜ったり、夜間に餌を求めて行動したりすることはできない。じっとその場で我慢し続けるのみである。第5章で紹介したように、植物の葉の気孔の数が変わるのは、水分の蒸発量をコントロールするという側面もあった。ならば植物にも、生息できる温度と湿度の上限値があるのではないだろうか。それはいったい何度くらいなのだろう。

植物と飽差

私の自宅には二メートル四方の小さな畑があり、夏限定で野菜が植えられる。畑の周囲には、虫除けにミントを植えているのだが、晴天の続く夏には、葉がしおしおに縮んでいるときがある。暑さのせいで葉にふくまれる水分の蒸発が進みすぎたのだろうか。そういうときは、朝に水をあげれば葉は張りをとりもどすのだが、水やりを怠ると、しおれた葉はもとにもどることなく枯れてしまう。

光合成は、水と二酸化炭素を材料として、太陽光のエネルギーを使って有機物をつくる反応である。光合成に必要な二酸化炭素は空気に十分ふくまれている。問題は葉の水分の確保にある。

植物は、空気が高温で乾燥した状態のときには、気孔を閉じて水の蒸発（蒸散）を減らし、水

※14　ただオルセンは、私とはまったく逆のことを考えており、四肢動物の絶滅が極端な寒冷化で起こったとにらんでいるようだ（文献［204］）。結局のところ、この問題に決着をつけるためには、「ファースト」と「セカンド」の間の温度にかんする情報を手にいれるしかない。

分を保持する。しかし私の家庭菜園のミントのように、気孔を閉じたとしても、葉から水分の蒸発が過剰に進むと、葉は枯れてしまう。あるいは、気孔を閉じたせいで、二酸化炭素の取り込む量が減ってしまうこともある。そういった状況でも、光合成による植物の生育が進まなくなる。

結局は植物も、温度と湿度によっては光合成ができなくなるので、熱耐性を考えるうえでこれら二つの要素が重要となる。もう少し正確に言うと、植物の場合、湿度に代わって「飽差《ほうさ》」と呼ばれる乾燥の度合いの指標が用いられる。飽差（単位はkPa＝キロパスカル）とは、ある気温における飽和水蒸気圧と実際の水蒸気圧の差のことで、言い換えると「空気の中にあとどれだけ水蒸気をふくむことができるか」を表す指標である。

飽差が大きいほど、もっとたくさんの水蒸気をふくむことができる「乾燥した空気」であり、逆に飽差が小さければ、もうあまり水蒸気をふくむことができない「湿った空気」と言い表すこともできる。葉からの水の蒸発を考えると、高温で飽差が大きい環境（つまり乾燥した空気）がストレスになることは、容易に想像できる。問題としている樹木の熱耐性については、この飽差と気温の観点から研究が進んでいる。

樹木の限界

「世界の熱帯林の気温は、すでに樹木が耐えられる限界に近づいている」
「気候変動が老木を殺している」
「アマゾンの炭素吸収源としての力が弱まっている」

近年の温暖化に興味をもたれている読者の方は、このようなフレーズを聞いたことがあるかもしれない。熱帯林の樹木が耐えられる気温の上限は、飽差により一〇度くらい変わる[205]。熱帯林の中でも、飽差の小さい（湿った空気、〇・二kPa程度）環境下で育てられた樹木は、三八度くらいまでは生産性の急激な低下は認められない。一方、比較的飽差が大きい（乾燥した空気、一～二kPa程度）メキシコやアマゾンの一部の熱帯林では、二七～二八度くらいから熱ストレスの影響が出はじめる（図8・3）。アマゾンでは年平均気温がすでに二八度に迫っている地域もある。先の「世界の熱帯林の気温は、すでに樹木が耐えられる限界に近づいている」という議論が起こっているのは、そのためだ。

現代の熱帯林はおもに被子植物からなるが、高緯度地域に森林を形成する裸子植物にも目を向けてみよう。わずかに八〇〇種ほどが知られるのみの裸子植物（被子植物は二〇万種以上）の熱耐性は、詳しくわかっていない。それでも、北米大陸北方林の主要樹種であるマツ科のクロトウ

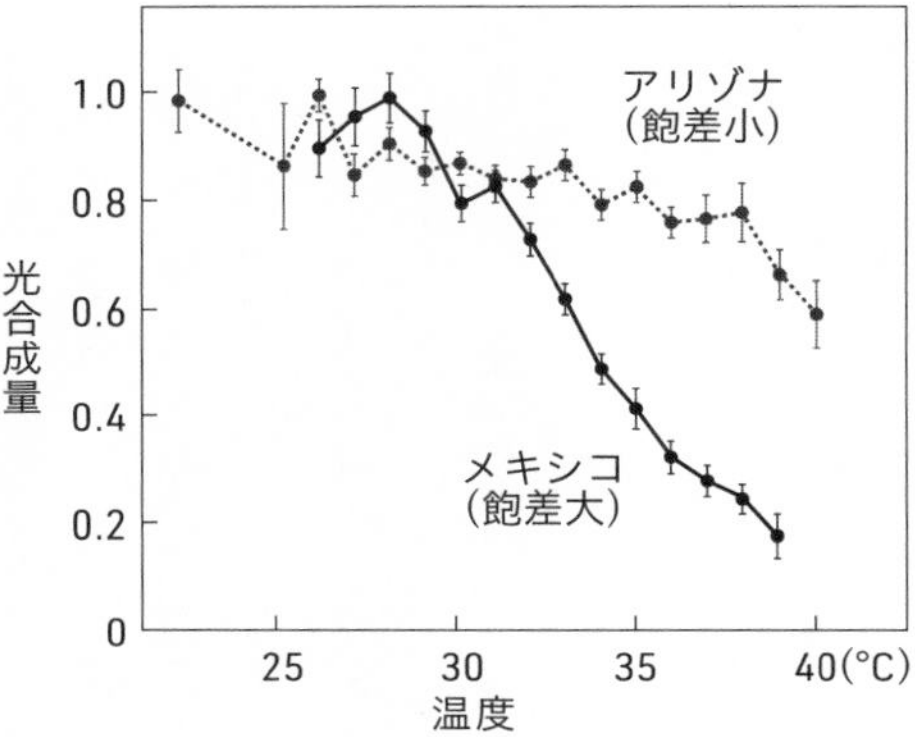

図8・3　飽差の小さい環境下（アリゾナ）と大きい環境下（メキシコ）で育てられた樹木の光合成量（生産性の指標の一つ）と温度の関係

縦軸の光合成量は、樹木の二酸化炭素吸収量にもとづいて決定されており、最大値を1とした相対値として示す。

ヒやアカトウヒは、木材として利用されることから、比較的よく研究されている。それらの熱耐性の上限は、先の熱帯林のものと近い。飽差が大きい（二kPa）北米北方林の環境下では、日中の気温が三〇～三二度くらいまで上昇すると、生産性の急激な低下や、苗木の枯死《こし》がみられるようになる。[206][207]

このように樹木は、生息する環境の飽差条件によっては、三〇度前後の気温を超えると生産性が低下する傾向にある。

さらに気温が上昇し四〇度を超えると、今度は葉の膜の安定性低下や酵素の劣化といった別の問題が起こるため、ほとんどの植物が枯死する（図8・4）。つまり陸上の動物と同じく、三〇～四〇度の温度範囲が植物の生死を分ける境界となっている。ただし、植物は動物と違って、空気が乾燥している場合に、より低い温度で枯れてしまう。

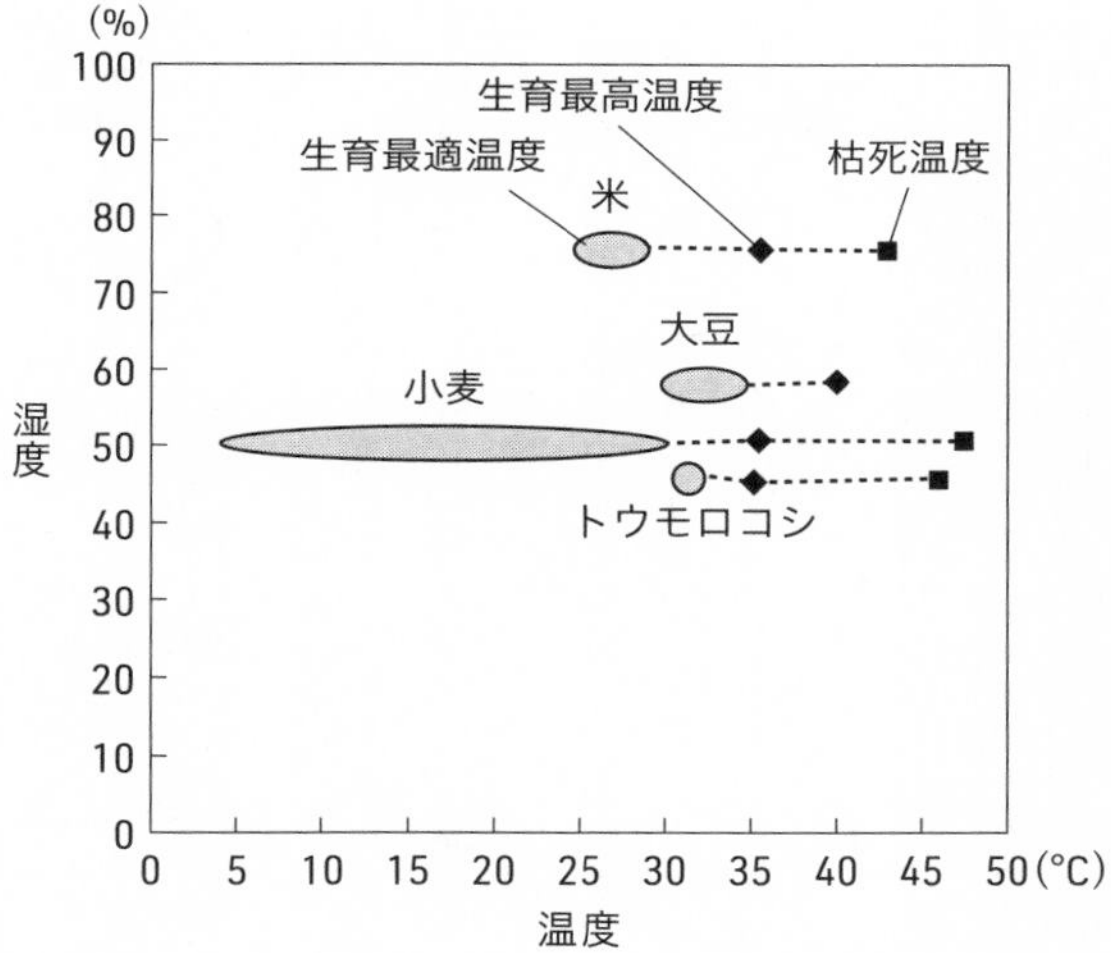

｜図8・4｜植物（作物）生育の最適・最高温度と枯死温度の例

壊れる熱帯

私は、三畳紀の気温と降水量にかんする世界地図を眺めて、この時代の森について考えてみた（図8・5）。地図に記された気温や降水量は、あくまでもコンピュータ上で再現されたモデルの値であるので、過去にさかのぼって復元できない山の標高や、細かい地形の違いによる変化までは表現できない。とはいえ、これまでおとずれたT／J境界層の夏の平均気温は、大局的に二八～三六度くらいの範囲に収まるので、現代の低緯度から中緯度にかけての北半球の夏の平均気温とそれほど変わらなさそうだ。

もしも三畳紀末の「消えた森の謎」

が、私の考えているように超高温化にあるのならば、その変化は低緯度から中緯度にかけて顕著に現れるはずである。そこで、これまでおとずれた場所や、詳しく調べられているT／J境界の位置を地図上にプロットしてみた（図8・5）。すると、夏の高い気温が予想され、かつ内陸部が乾燥した地域では、予想どおりに裸子植物の森林消失が起こっていた。

では逆に、比較的寒冷で降水量も多い、高緯度の森林はどうなっただろうか。もし熱帯の超高温化が森林消失の原因であるならば、高緯度では森林が保たれ、陸上の動物の絶滅が遅れるか、あるいは、そもそも絶滅が起こらなかった可能性もある。

検証対象となる陸上の地層は、いまのところ世界に二ヵ所しかない。南アフリカのカルー盆地と、中国のジュンガル盆地である（図8・5）。これらの地域では、後期三畳紀の植物相が、初期ジュラ紀の植物相にはまったくふくまれないことがわかっている[208]。

詳しく調べてみると、カルー盆地では、三畳紀とジュラ紀の地層の間に、当時の陸上の侵食によってできた不整合があった。両者の間にどれくらいの年代ギャップがあるかわかっていないので、残念ながら動物や植物の変化について具体的に知ることはできない[209]。

中国のジュンガル盆地は、後期三畳紀から初期ジュラ紀にかけて、北緯七〇度付近の陸上で堆積した地層である。T／J境界の前後一〇〇〇万年間は、冬季に湖が凍結するような寒冷な気候

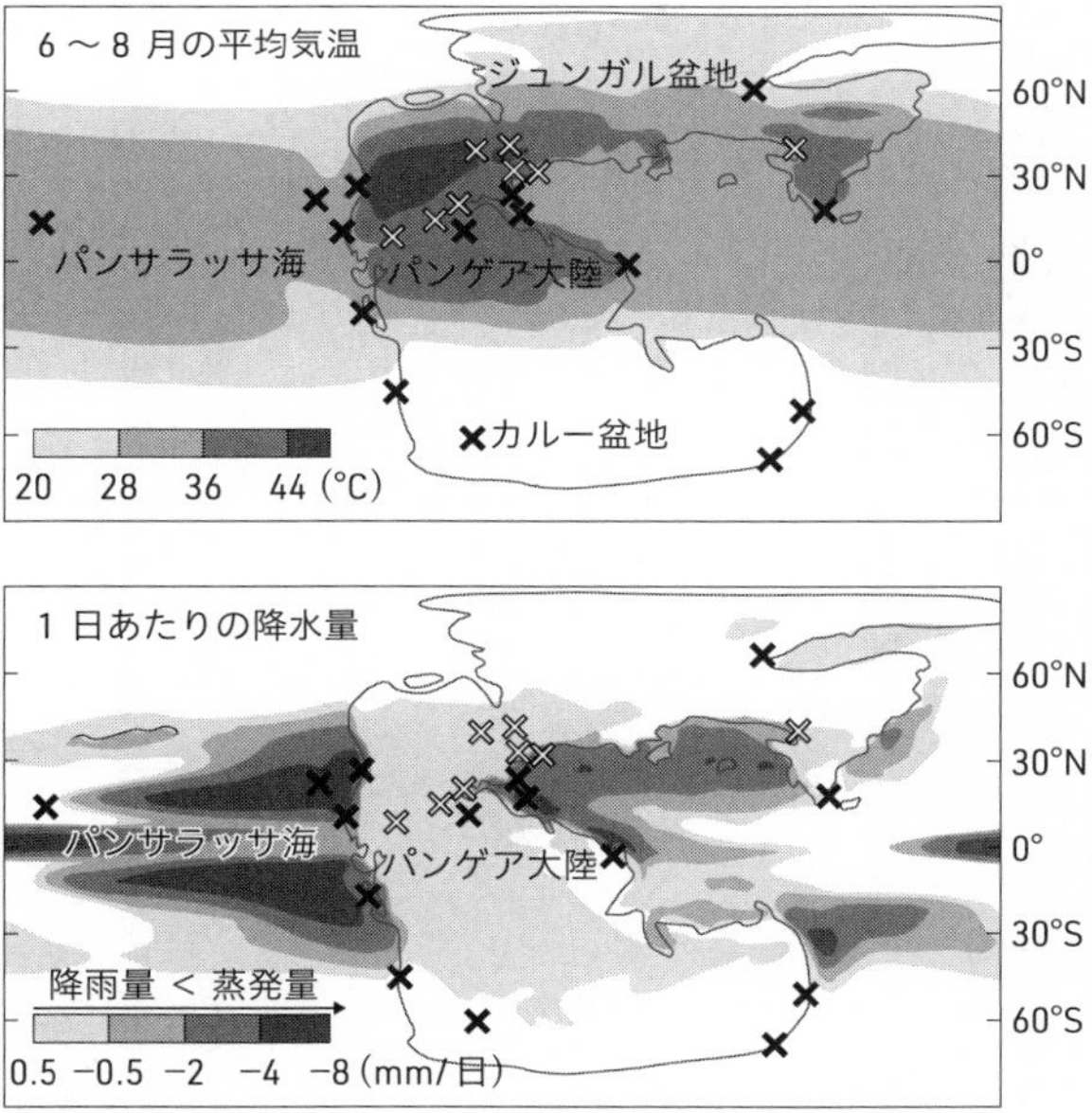

図8・5 | 後期三畳紀の気温と降水量

図中の×印は、これまでに報告されているT/J境界の位置を示す。このうち白で×印をつけた地域からは、三畳紀末の森林消失が報告されている。

であった。[204] 三畳紀末には、湖沼環境で形成された地層が広く卓越するようになったり、石炭が堆積するようになったりするので、一時的に温暖で湿潤な環境へと変化したと考えられている。[210]

この時代のジュンガル盆地の陸地は、石炭の地層からも明らかなように、豊かな植生で覆われており、イチョウ科などの落葉樹や針葉樹が森をつくっていた。ただしここでは、ヨーロッパで見られていた裸子植物の絶滅や、シダ胞子の増加イベントは確認されていない。※15 [211] つまり、もともと寒冷な北緯七〇度付近の陸上では、三畳紀末にやや温暖湿潤な環境へ変化したものの、森林消失などの変化は起こらなかったようなのだ。

ジュンガル盆地たった一ヵ所の事例で、「超高温化した世界で熱帯の森だけが消えた」と主張するつもりはない。ただ、もしも緯度によって絶滅が起こっていたり起こっていなかったりしたのなら、大量絶滅にかんする考え方も変わってくる。もしかしたら三畳紀末絶滅は、熱帯に生息していた生物がとくに影響をうけた現象であり、私たち研究者が想像しているような、世界中で一斉に生物絶滅を引き起こした環境変動などは、起こらなかったのではないだろうか。実際、私たちが調べてきたT／J境界の地層は、熱帯気候に属する地域に集中している。

スモールワールドに導かれてはじまった旅は、ここでいったん区切りをつけようと思う。超高温世界を軸として、これまで見落とされていた問題を解決する、新しい絶滅論を考えてみよう。

連鎖モデルの欠点

推論をはじめる前に、整理しておきたいことがある。現在支持されている、「三畳紀版連鎖モデル」（第5章参照）による絶滅論の欠点についてである。

まず、このモデルで絶滅を引き起こす要因の最有力候補とされる「無酸素化」は、海の生物の絶滅を十分に説明できていない。大量絶滅は、世界中に分布し、かつ化石として見つかりやすい生物の絶滅から認識される。第1章で問題にした、二枚貝、アンモナイト、腕足動物、メガロドン、有孔虫、サンゴ、コノドント、これに放散虫と貝形虫を加えると、三畳紀末絶滅の議論に必要な海の生物はほぼ出そろう。これらの生物のうち、浅海や大洋域に生きる生物（メガロドン、有孔虫、サンゴ、コノドント、放散虫）の生息環境では、やや酸素に乏しい環境への変化がときおりみられるものの、生物が生きていけなくなるような無酸素化の証拠はなかった。カナダのブ

※15　最近、ジュンガル盆地のT／J境界から、シダ胞子の増加イベントが発見された（文献［212］）。ただし報じられた文献のデータをみると、T／J境界以外の時代からも同程度のシダ胞子の増加が見られているため、ヨーロッパで知られているシダ胞子の増加とは同列に扱えない。

ラックベアリッジのような沖合の中層（およそ二〇〇メートル以深）では、無酸素水塊の発達が認められたが、それ以外の深度における生物絶滅は無酸素化では説明できない。

次に「酸性化」も、海の生物の絶滅を説明できない。もし「セカンド」のタイミングで起こった炭酸塩岩の堆積停止が海洋酸性化によるのであれば、すべての浅海有光（光の届く）環境で炭酸塩岩の堆積が停止していなければならない。しかし現実には、本書でおとずれたイタリアのロンバルディやシチリアなど、炭酸塩岩の堆積停止が起こらなかった地域も多くある。

いくつかの地域で観察できる炭酸塩岩の停止は、シュットブルージュが指摘したように、大陸からの土砂流入が原因かもしれない。[※16] 私は、炭酸塩岩の堆積が停止した場所では、すぐ背後に山脈が控えていたために、土砂流入が起こりやすい環境にあったのではないか、と踏んでいる。この点は今後検討を進める予定だ。

海洋酸性化については、その原因にも目をむけてみよう。酸性化を引き起こしたのは、アマゾン盆地からの大規模な二酸化炭素放出だと考えられてきた。[153] しかし葉化石の気孔の研究からは、「ファースト」と「セカンド」の間に、二酸化炭素の急増の記録は見つかっていない。

二酸化炭素ではなく、火山性の二酸化硫黄が大気に放出されることで生じた硫酸酸性雨が原因となって、海洋の酸性化が引き起こされた可能性もある（第7章コラム9参照）。しかし残念ながら、硫酸酸性雨による酸性化の可能性は限りなく低い。たとえすべてのCAMP玄武岩（分布面積上限の推定値は七〇〇万平方キロ）が一〇万年以内に噴出して、玄武岩にふくまれる二酸化硫黄がすべて放出されたとしても、炭酸塩岩の堆積停止を起こすような海洋酸性化は起こらない。[213]

三畳紀版連鎖モデルでは、「森林消失」や「土壌流出」をどのように説明しているのだろうか。三畳紀末絶滅の研究者らが示した案は、「温暖化と水循環の変化が森林消失を導いた」という曖昧《あいまい》な一言である。

「三畳紀版連鎖モデル」は、おそらく致命的な問題を抱えている。ペルム紀の研究からカット・アンド・ペーストされてきたこのモデルは、火成活動を引き金とした環境変動のいくつかは説明

※16 陸から大量の土砂が海に流れ込んだために炭酸塩岩の堆積が停止した現象は、三畳紀のカーニアンという時代にも知られている。これは「カーニアン多雨事象」という名前で呼ばれており、二〇〇万年にもおよぶ長雨が原因と考えられている。このイベントは、三畳紀末のスランプ堆積物の重要性を説いた北アイルランド国立博物館のマイケル・シムズにより発見された。

できても、肝心の生物の絶滅にはつながっていない。私はあらためて研究ノートを見返して、三畳紀末に起こった出来事について考察することにした。

超高温世界と大量絶滅

ノートには、次のように整理されていた。

おもな出来事　※低〜中緯度に限る

①湿潤化
②富栄養化
③無酸素化
④消えた二酸化炭素
⑤森林消失
⑥乾燥化
⑦森林火災
⑧土壌流出
⑨海底地滑り

⑩　スモールワールド
⑪　大量絶滅

「低～中緯度に限る」と注意書きを加えたのは、高緯度の寒冷地で何が起こったかにかんしては、ほとんど情報がなかったためである。私たちは、このリストの出来事をすべて満足するような具体的な説明を考えなければならない。リストのうち①～④までは、「三畳紀版連鎖モデル」でも説明できた。しかし、⑤の「森林消失」から⑪の「大量絶滅」までの出来事についてはつながりを失っていた。

私は、リゴとの研究をきっかけに、生命活動の限界温度について見つめなおしてきた。そして現在、きわめてシンプルに超高温世界を軸とすることで、少なくとも連鎖モデルよりは説得力をもって、リストの現象すべてを説明できると考えている。

まず①の「湿潤化」から④の「消えた二酸化炭素」までを説明してみよう。いまから約二億一六〇〇万～一七〇〇万年前、ＣＡＭＰ火成活動による大規模なマグマの貫入が、アマゾン盆地ではじまった。[125][126] マグマの貫入は、有機物に富んだ堆積物を加熱し、その結果、二酸化炭素やメタンなどの温室効果ガスが大気中に放出された。[214] 放出されたガスが原因となって、温暖化がはじまった。

さらに、温暖化により大気にふくむことのできる水蒸気量が増えたことで、海に近い熱帯の大陸周辺部が①湿潤化した。この気候の変化は、湿潤環境を好むシダ植物の繁栄をもたらした。

湿潤化は、陸上の岩石の化学風化を促進し、陸から海へ、プランクトンの増殖に必要な硝酸塩やリン酸塩などを大量に供給した。その結果、浅海や沿岸域では②富栄養化が起こり、生物の生産性や多様性に富んだ豊かな海の環境が広がった。

一方、栄養塩の過度な供給は、プランクトンの大増殖を促し、中層の③無酸素化へとつながった。無酸素水塊が発達したことで、二酸化炭素が堆積物中に隔離された可能性がある。大気中の二酸化炭素が化学風化に使われたことも合わせて考えれば、④消えた二酸化炭素の謎は説明できるだろう。

ただし、二酸化炭素はほとんど増えていないのに、温暖化が起こったという考え方には、温暖化のメカニズムをふくめて議論があると思う。この部分は私の説の最も重大な欠点であることを、正直に認めておく。

大地と生命のつながり

次は、陸上の変化に着目してみよう。これはあくまで私の推定だが、温暖化が直接的な原因となり、気温が三〇度を超えたあたりから、低緯度の乾燥した内陸部からしだいに裸子植物の⑤森林消失がはじまった。高緯度では裸子植物の森が失われなかったことも、このアイデアを後押ししている。

では、⑥の乾燥化以降のリストについては、どのように説明できるだろうか。

陸上岩石の化学風化に注目した研究からは、低〜中緯度の熱帯では、湿潤環境から一転して⑥乾燥化した大地への変化が起きたことが示唆されている。この乾燥化は、内陸部から森林消失がはじまったことで加速したのかもしれない。

また比較的湿潤な沿岸部でも、極端な気温上昇により、小さな葉や分裂した葉をもつ植物が増えた結果、⑦森林火災が多発した（マッケルウェインの仮説）。続く温暖化によって、沿岸部の森も失われていっただろう。「セカンド」に差しかかる頃には、熱帯から森が完全に消え、四肢動物は絶滅した。四肢動物の絶滅の原因として、森林消失に加えて、生息できる限界の温度を超えた可能性がある。さらに、高緯度地域へ移動した線も残されている。

陸上を被覆する植生が失われたことで、熱帯では大規模な⑧土壌流出が起こった。植生と土壌が失われたことで、いよいよ陸上の乾燥化は止められなくなる。また植生被覆や土壌が失われたことで、斜面の不安定化や、地下水位の変化が起こり、陸から浅い沿岸域にかけて⑨海底地滑りが頻発した。

陸上環境が激変する中、海では続く高温化をきっかけに、ベルクマンの法則にしたがう浅海生物の小型化がはじまった（⑩スモールワールドの出現）。温暖化による海水温の上昇は、浅海の有光環境に生息する生物の限界温度を超えて、四肢動物と同様に高緯度への移動をもたらしたかもしれない。

それよりも深刻な問題として、陸上で土壌が消えたことにより、熱帯の沿岸域における栄養塩の供給形態が、生物に利用可能なものではなくなった可能性がある。とくに海洋の基礎生産を支える鉄やケイ素は、鉱物の化学風化によって生成されるのだが、土壌がない場合、風化の速さは一〇〇分の一から一〇〇〇分の一程度に落ち込んでしまう。加えて、鉄は土壌があって初めて植物プランクトンの生産に利用される化学的な性質をもつことができるため、土壌流出の影響はいよいよ深刻だった。

さらに、森林や土壌の被覆が陸上からなくなってしまうと、河川から大量の土砂が海に流れ込む。その結果、底生・固着性の生物は、土砂に埋もれて生息場を失ってしまう。これらの森林消失と土壌流出に端を発する陸の変化により、海の生態系が崩壊し、堆積物には⑪大量絶滅の化石記録が残された（**図8・6**）。

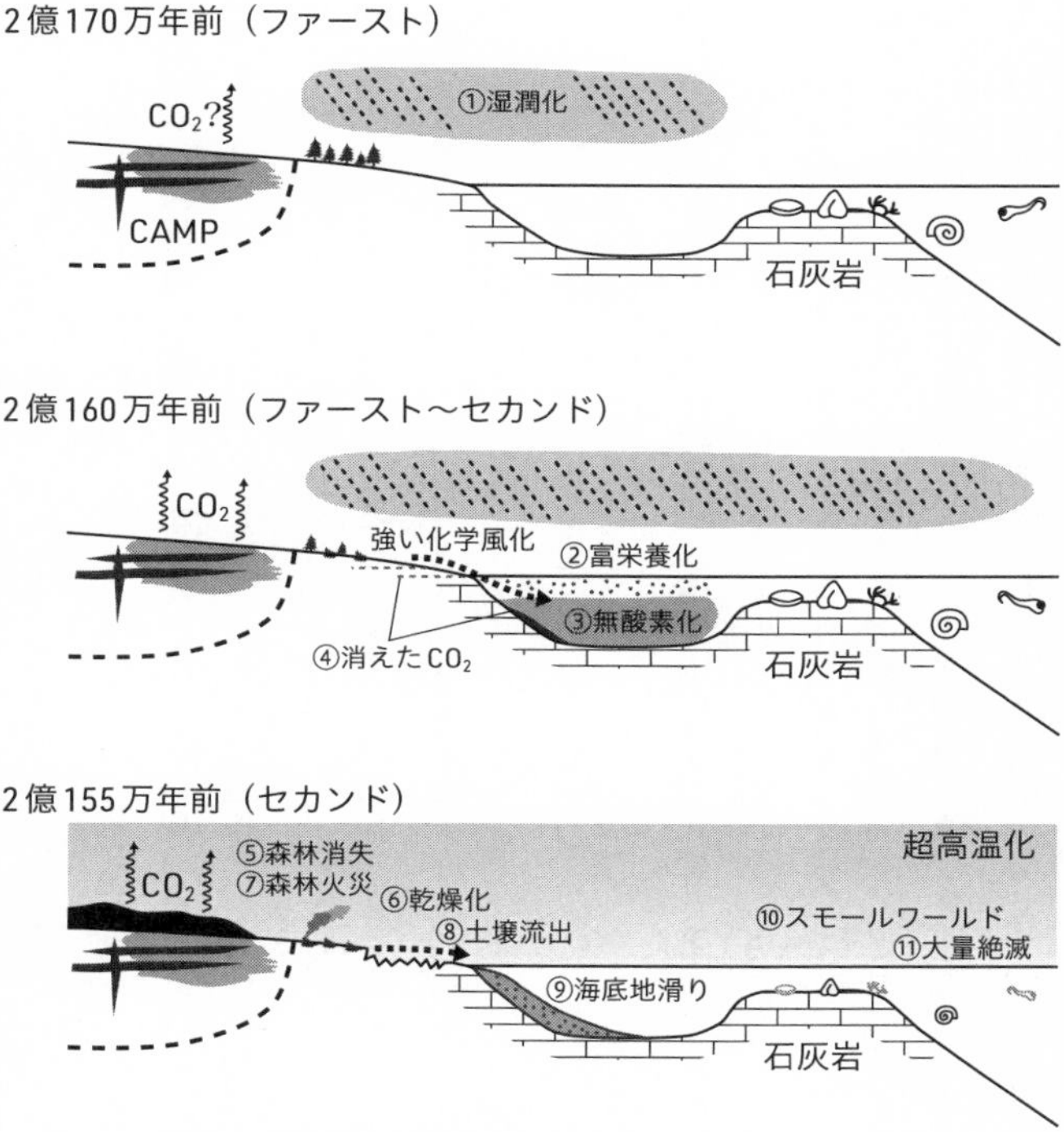

｜図**8・6**｜**新しい三畳紀末大量絶滅のモデル図**

以上が、三畳紀末に起こった出来事のあらましである。この絶滅論は、「ファースト」と「セカンド」の間でどれくらい気温が上昇したかわかっていない現時点では、あくまで推論にすぎない。また二酸化炭素がほとんど増加していないのに、なぜ温暖化が進行したかなど、いくつか弱点も抱えている。「ファースト」と同時期の海退や、「サード」で二酸化炭素が急上昇する理由も、じつは解けていない。ゆえに漠然とした印象をもたれるかもしれないが、超高温世界を仮定することで、三畳紀末に起こった一一の出来事を、ある程度は筋道を立てて説明できているのではないだろうか。

もう一つのシナリオ

超高温世界の出現を軸とした大量絶滅は、浅海生物の小型化や熱帯の森林消失を説明できる。しかし森林消失に限っては、まったく逆の方法で引き起こすことも可能だ。寒冷化である。

寒冷化による絶滅論は、最近ポール・オルセンが積極的に主張している。オルセンによると、CAMP火成活動により放出された二酸化硫黄が硫酸エアロゾルとなって日光を遮蔽し、長期寒冷化を引き起こしたというのだ。硫酸エアロゾルは速やかに硫酸酸性雨として降雨するため、オルセンが想定しているような数十万年の長期寒冷化の原因となることはありえない[215]。しかしオルセンは、定期的に噴火が起こることで、数十年スケールの寒冷化が頻繁に起こったと考えている。もしも寒冷化の原因となる硫酸エアロゾルが繰り返し生じていたとしたら、それは硫酸酸性雨として地表に降り注ぐ。オルセンは、これらの寒冷化と硫酸酸性雨が、⑤森林消失と四肢動物の絶滅の原因になったと考えている。

彼のアイデアは、三畳紀末に起こったいくつかの出来事をうまく説明する。たとえば、陸上の化学風化の増加を、私は①湿潤化で説明したが、硫酸酸性雨の降雨によっても説明が可能だ。この場合、土壌の酸性化によるカルシウムの流出が、陸上動物の絶滅につながったのかもしれない。プロローグで紹介したような、大地－カタツムリ－鳥の生態系崩壊と似た現象が、三畳紀末の世界でも起こったのだろうか。大地のわずかな違いが、陸上の四肢動物に影響を与えたのかもしれない。

一方でオルセンの説では、そのほかの出来事、「ファースト」と「セカンド」の間の②富栄養化、③無酸素化、④消えた二酸化炭素、⑦森林火災、⑩スモールワールドを説明することができない。また、硫酸酸性雨が降ったとする地質学的・地球化学的な証拠が見つかっていないため、硫酸エアロゾルの存在を支持するデータがない。そもそも二酸化硫黄を放出するような溶岩噴出が本格的にはじまったのは、「セカンド」以後である。

結局のところ、「ファースト」と「セカンド」の間の期間において当時の気温を直接復元できたときに、温暖化説と寒冷化説のどちらが正しいか、決着がつくだろう。

＊

最近、私とマニュエル・リゴは、過去の海水温を復元するための新たな手法開発に乗り出している。もし海水温を測定する方法が確立でき、「ファースト」以降に海水温が七度を超えて跳ね上がっていたことを確認できれば、超高温世界による絶滅論は一歩前進することになる。

逆に、温度変化がほとんどなかった、あるいは寒冷化が起こっていたとしたら、この章で展開した絶滅論はご破産である。これまでブルーバックスに「間違っているかもしれません」と前置きしたアイデアが記されたことなどあまりなかっただろうが、これはこれで科学現場のリアルを反映しているので、おもしろいのではないかと思う。今後私たちの研究がどう転ぶのか、期待半分、冷やかし半分で注目してほしい。

第9章

境界

過去へのこだわり

「出身はどちらですか？」
「好きな音楽は何ですか？」
「どの科目が得意でしたか？」

人は、興味のある相手の過去を知りたがる。あなたも、同級生や異性に、根掘り葉掘り過去のことを尋ねた経験はないだろうか。

なぜ人は、他人の過去に興味をもつのだろうか。私が思うに、過去の情報を頼りに、未来に良好な関係を築けるかどうか、あるいは、どうやって築いていくのかを探っているのではないだろうか。逆に言うと、将来付き合うつもりのない他人の過去に興味を抱くことはない。適当に天気や社会情勢の話でもして、その場をしのいで終わりである。

地質学者が過去へのこだわりを強く見せるのは、地球とよりよい未来を築きたいとの思いが根底にあるのかもしれない。著名な地質学者が、定年間際になって人類史や近未来の研究に傾倒するのは、きっとそのためだろう。

私に限って話すと、まだ地球の過去を詮索している状況だ。わからないことが多すぎて、とても将来どのように付き合うかまでは考えがおよばない。とはいえ、これまで語ってきた大量絶滅のストーリーは、将来の地球にとっても重要な示唆をふくんでいるだろう。この最終章では、地質学的な観点から、現代が大量絶滅の時代に突入したのか、すなわち、最近なにかと話題になる「第六の大量絶滅」について語ってみようと思う。

「第六の」と言っている以上、一つ制限を設ける必要がある。それは、過去五回の絶滅と同様に「広範囲に分布し、個体数が多く、将来化石として残りやすい分類群」を中心に議論することだ。

適当な生物として、海では二枚貝やサンゴがあげられるだろう。私が研究している微化石（放散虫や有孔虫）のグループも適しているが、残念ながら現代の絶滅の割合がほとんど何もわかっていないので、化石記録との比較が難しい。陸上の「広範囲に分布し、個体数が多く、将来化石として残りやすい分類群」の代表としては、現代では哺乳類と鳥類が取り上げられる。これらの分類群は、過去数百万年の化石記録と、現代の調査が十分におこなわれている。

カエルやサンショウウオといった両生類は、第六の大量絶滅の象徴的存在としてたびたび取り上げられる[216]。しかし多くは熱帯地方の狭い地理範囲に生息し、化石記録も不十分なため、今回は議論しない。

はたして、現在は本当に「第六の大量絶滅」にあるのだろうか。

化石として残りやすい沿岸環境や浅海に棲む生物のうち、とくにサンゴについては絶滅にかんする調査が進んでいる。サンゴは、海水温の上昇にともなう白化現象などが原因で、生息数が減少しているためだ。レッドリストでおなじみの国際自然保護連合（ＩＵＣＮ）の調査によると、八〇〇種を超えるサンゴのうち、約三分の一の種が絶滅の危機に瀕しているという。[217]

「危機に瀕している生物の絶滅率」と表現した場合は、絶滅危惧種を考慮すべきだが、今回は化石記録と同様に、すでに絶滅してしまった種の数に注目する。レッドリストを調べてみたところ、西暦一五〇〇年以降に絶滅したサンゴの種数はゼロであった。一種も絶滅していないので、絶滅率もゼロパーセントである。

次に二枚貝をみてみよう。この分類群も、レッドリストによると、約五割の種が絶滅の危機に瀕しているとされる。絶滅種について調べてみると、記載された八一七種の二枚貝のうち、西暦一五〇〇年以降に絶滅したものは三二種であった。過去五〇〇年間での絶滅率は約四パーセントと、一見低い値となっている。[6]

ただし、二枚貝の絶滅率をめぐっては、注意すべき点もある。二枚貝は三万種存在すると推定されているが、このうちレッドリストに記載されたものは、わずか八一七種にすぎない。三万種に対して、実際どれくらいの種数の二枚貝が絶滅したのかはわかっていない。

陸上にも目を向けてみよう。比較的化石に残りやすい脊椎動物としては、現代では哺乳類と鳥類が取り上げられる。これらの分類群は、二枚貝とは違って、レッドリストにより西暦一五〇〇年以降のほぼすべての種の評価が完了している[218]。これによると、五九七三種の哺乳類と一万一八八種の鳥類のうち、哺乳類は八七種、鳥類は一六四種が絶滅したとされる。絶滅率は、哺乳類、鳥類ともに約一パーセントであり、過去五回の大量絶滅で言われているような七五パーセントを超える種の絶滅にはほど遠い。

また鳥類にかんしては、絶滅の九五パーセント以上が海洋島で起きているので[219]、世界的な種数減少が確認されているわけではない。島で絶滅が進んだのは、人間をふくむ外来の捕食者や、持ち込まれた感染症によると推定されている。プロローグで紹介したような陸地の変化も、鳥類の個体数減少の原因となっているかもしれないが、実際にそれが原因で鳥類の絶滅が近年起こったかというと、そういうわけではない。

このように数字上は、現在調べられている絶滅率は、過去の大量絶滅と比べるとかなり低い。しかし、過去五〇〇〇年程度の記録から推定された絶滅率と、地質時代の絶滅率を単純比較できないことは明らかである。通常、地質時代の絶滅率の計算に用いられている期間は一〇〇万年単位だ。現代の絶滅率の計算に用いられる五〇〇〇年とは、桁がまったく異なる。

一〇〇万種あたりの絶滅数

そこで、化石の絶滅記録と現代生物の絶滅記録とを、相対的に比較するための方法が提案されている。簡単に紹介しよう。

まず地質時代の化石記録から、生物種の平均的な生存期間を推定する。過去五億年のデータから、一つの種が誕生して絶滅するまでの平均的な期間は、一〇〇万年程度であると推定されている。この推定にしたがうと、私たちホモ・サピエンスという種は二〇万～三〇万年前に誕生したとされるので、絶滅するまでに残された期間は、あと七〇万～八〇万年程度だ。無論これは仮定の話である。

次に逆の発想をしてみる。一つの種が誕生して絶滅するまで一〇〇万年かかるのであれば、一年間あたりでは、一〇〇万種あたり一種が絶滅していることになる。この、「年間一〇〇万種あたり一種絶滅」が、平穏時の地球で起こっている絶滅の割合とみなされている。「年間一〇〇万種あたりの絶滅数」は、その単位をとって「E／MSY値」と呼ばれる。当然、平穏時のE／MSY値は一である。

では先ほど紹介した現代の生物について、E／MSY値を計算してみよう。サンゴは、絶滅数がゼロであるため計算できない。二枚貝は、種全体の母数（約三万種）に対する絶滅数がわからないものの、レッドリストに掲載された種のうち、絶滅した種の占める割合からE／MSY値を求めることはできる。過去約五〇〇年で、八一七種のうち三二種が絶滅していたので、これらの数値からE／MSY値を計算すると、七八となる。

哺乳類や鳥類についても同様に計算してみよう。計算の結果は、哺乳類が二九、鳥類もまったく同じ二九であった。ちなみに、レッドリストに掲載されているすべての生物種から求められたE／MSY値は、一二である（繰り返しになるが、この値の計算に絶滅危惧種の数は考慮されていない）。

平穏時の地球のE／MSY値である一と比較すると、現代の二枚貝や哺乳類、鳥類の結果は、ずいぶんと高い値をもつようにみえる。だがこれは、本当に大量絶滅と呼べるような値なのだろうか。つまり、平穏時の地球で起こっている絶滅と大量絶滅を分ける「境界」のE／MSY値は、いくつなのだろうか。

プラネタリー・バウンダリー

地質学者に限らずとも、人は「境界（バウンダリー）」という言葉が好きである。本能的な縄張り意識の名残なのだろうか。隣の家との境界、学校区の境界、市町村の境界から、上司と部下の境界、友人と他人の境界、今日と明日の境界、平成と令和の境界にいたるまで、境界を決めなければ、何となく気持ちが落ち着かない。科学者も同じで、境界条件や閾値《いきち》を決めることにひときわ強い執着心をもつ。

最近、大量絶滅をめぐる新たな「境界」が注目を集めている。「プラネタリー・バウンダリー」である。これは、人類が安全に活動できる領域とリスクをともなう領域との境界で、ストックホルム・レジリエンス・センターの環境学者ヨハン・ロックストロームを中心とする二九名の研究者らによって提案された。より具体的には、「気候変動」「生物多様性」「土地利用の変化」「淡水の消費」「生物地球化学的循環」「海洋の酸性化」「大気エアロゾルの負荷」「成層圏オゾンの破壊」「新規化学物質」の九つの項目について評価されている（図9・1）。

ここではそれぞれを詳しく解説することはしないが、重要な点は、各項目に具体的な境界値が与えられていることだ。これを超えてしまうと、「人間活動にリスクをともなう」と判定される。たとえば、「気候変動」の項目については大気中の二酸化炭素濃度三五〇ppmが境界値として与えられている。ご存じのように、地球の平均的な二酸化炭素濃度は、二〇一五年ごろから四〇〇ppmを超過しているので、「気候変動」の項目はすでに境界を超え、リスクをともなう領域に入

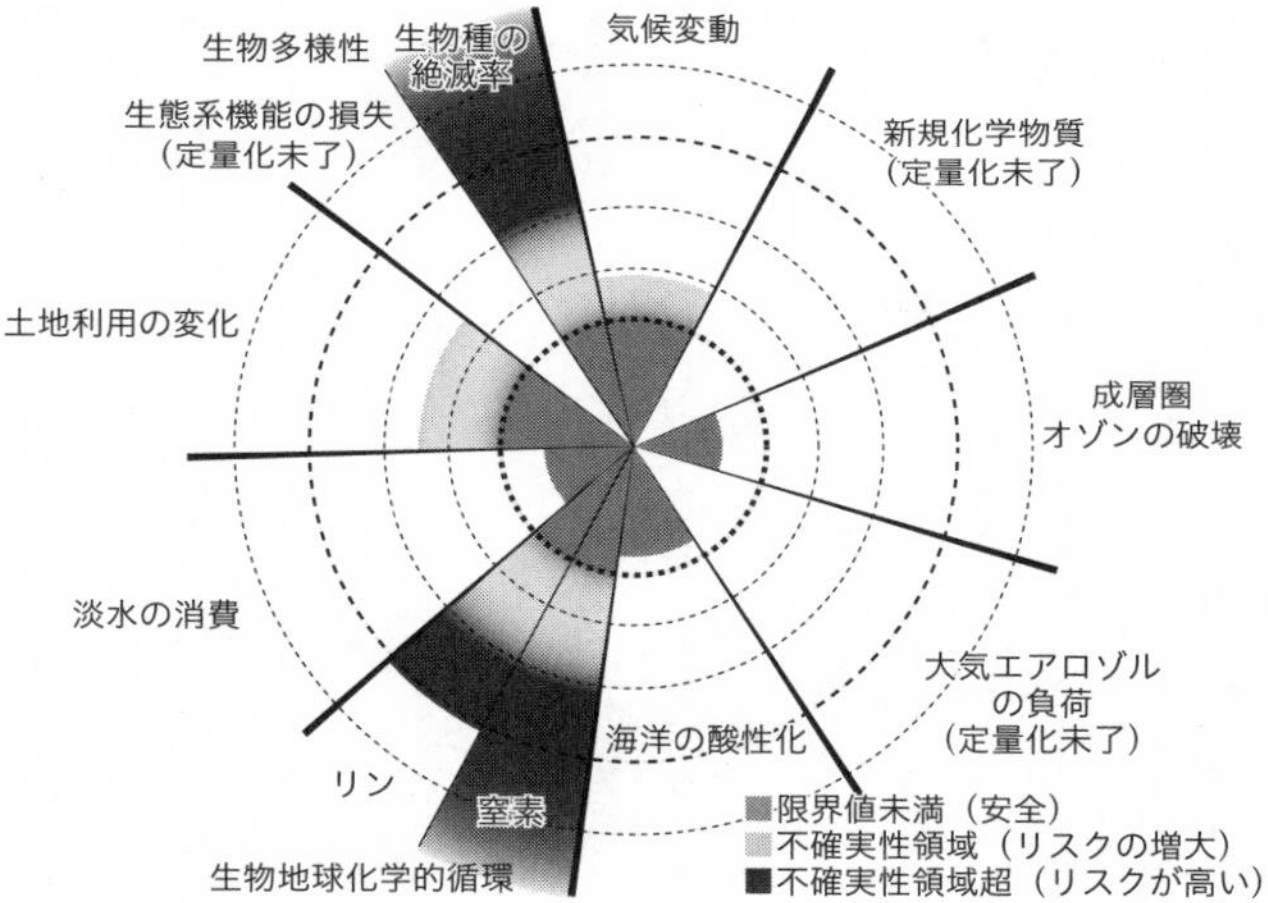

図9・1 プラネタリー・バウンダリー

っている。

気候変動以外の項目に目をむけると、境界をはるかに超えてしまっている項目があることに気がつく。「生物多様性」のサブ項目「生物種の絶滅率」である。

プラネタリー・バウンダリーの考え方によると、生物種の損失は「気候変動に対する生態系の脆弱《ぜいじゃく》性を高め、さらに回復力を弱めることにつながるので、人間活動を脅かす」とされている。[220][221] この項目の境界は、先に紹介したE／MSY値で定義され、境界値としては一〇E／MSYという値が採用されている。さらに一〇〇E／MSYを超えると、人間活動は高リスクにさらされるとの推定もある。

ロックストロームらによると、現在の「生物種の絶滅率」は、境界値である一〇E／M

SYに対して一〇倍から一〇〇倍の絶滅率をもつとされる。[222] ただ、彼らの言う「一〇倍から一〇〇倍の絶滅率」は鵜呑みにはできない。というのも、絶滅種に加えて、すべての絶滅危惧種の種数をふくめて絶滅率が計算されているからだ。化石記録との比較という意味では過大評価である。

古生物学的な観点からは、平穏時のE／MSY値を一とみなして「現代は大量絶滅の時代」と結論づけるのは時期尚早である。一番の問題は、解析する期間が短くなればなるほど、E／MSY値が高くなることが、理論的にも経験的にも示されている点にある。[223] 実際に新生代の化石記録の研究から、数百万年から数万年スケールで絶滅数が求められている哺乳類の場合は、解析期間を短くすればするほどE／MSY値が上昇することが知られている。[6] そのため、一〇〇〇年から一〇〇年スケールでE／MSY値を求めようとすると、その期間の絶滅の有無にかかわらず一〇〜一〇〇E／MSYの範囲をとりうるのである。結果として、現代の哺乳類や鳥類の二九というE／MSY値が、大量絶滅と呼ぶものに匹敵するかどうか判断することはできない。

もう一つ問題がある。過去の大量絶滅期におけるE／MSY値を求めることが難しいために、現代に起こった絶滅が、過去五回の大量絶滅に匹敵するかどうかわからないのだ。たとえば、三畳紀末絶滅の場合は、八〇パーセントの種が絶滅したとされるが、この絶滅が一〇万年という期間で起こったとすると、E／MSY値は八になる。ところが、現代と同じように五〇〇年という期間内で起こったとすると、その値は一六〇〇まで跳ね上がる。[6]

つまり、過去五回の大量絶滅と「第六の大量絶滅」を比較する際は、さまざまな仮定を設ける必要があるため、実際に現代が大量絶滅の時代であると断言することは、難しいのではないだろうか。

では、いつになったら、そしてどのような条件が整えば、地質時代に匹敵するような大量絶滅がはじまったと言えるのだろうか。これには、プラネタリー・バウンダリーとはまた別の閾値が用いられて議論が進んでいる。ティッピングポイントである。

ティッピングポイント

「椅子を後ろに倒してバランスをとると、ある種のティッピングポイントが見つかり、そこからどちらかに少し傾けるだけで椅子が倒れるかどうかが決まるのです」

エクセター大学グローバルシステム研究所所長のティモシー・レントンは、ティッピングポイントについてこうたとえた。[224]

一般的に「ティッピングポイント」とは、小さな変動があるシステムの状態を質的に変化させる、臨界値のことを指す。地球を機械的にとらえると、地球のシステムを織りなすさまざまな構成要素に個別のティッピングポイントがあり、これを超えてしまうと、人類に深刻な影響を与える「不可逆的で危険な地球環境の状態」にシフトする。レントンを中心とする研究者らは、地球システムの機能に深くかかわる九つの構成要素について、気温が何度上昇すればティッピングポイントを超え、どのような地球環境の変化がもたらされるかを検証した[225][226]。九つの構成要素とは、「グリーンランド氷床」「西南極氷床」「北大西洋亜寒帯循環」「東南極氷底盆地」「アマゾン熱帯雨林」「北方林（タイガ）」「大西洋熱塩循環」「北極圏の冬季海氷」「東南極氷床」である（図9・2）。

このうち、わかりやすい構成要素を例にあげ、ティッピングポイントについて説明しよう。グリーンランド氷床のティッピングポイントは「三度の温暖化」である。もしティッピングポイントの三度を超えて温暖化が進むと、海水面が「二〜七メートル上昇する」という影響が出る[225]。地質時代の大量絶滅に起こった現象と比べると、二〜七メートルの海水面上昇にはあまり意味がないが、人間活動にとっては深刻な影響をもたらす。

九つの構成要素のうち、私がとくに注目しているのは「アマゾン熱帯雨林」である。三畳紀末には、継続的な温暖化により熱帯の森林が消失し、土壌流出や海洋生態系の崩壊といった大量絶

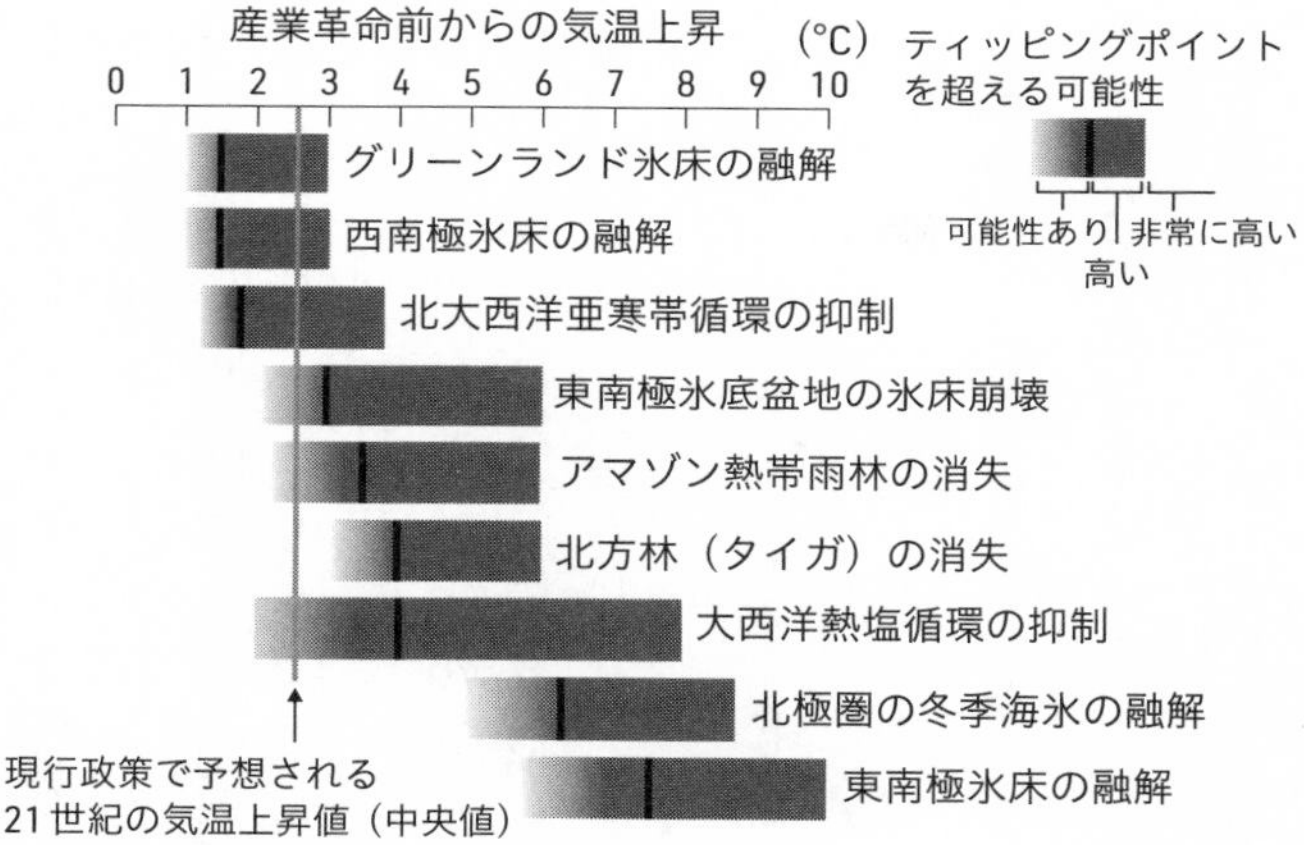

図9・2　主要なティッピングポイント一覧

滅へとつながる現象が引き起こされた。現代では、具体的に何度くらいの気温上昇が起こったときに、アマゾン熱帯雨林のティッピングポイントを超えるのか。そしてそのとき、何が起こるのだろうか。

レントンらによると、アマゾン熱帯雨林では、三・五度の気温上昇がティッピングポイントに達する可能性を高め、六度の上昇でティッピングポイントを超える可能性が「非常に高まる」と判断されている。[226]

アマゾン川流域では、降雨量の三割〜七割が、森林の上で「蒸発」と「降水」を繰り返すことでもたらされる。このうち「蒸発」は、おもに熱帯雨林の南部に分布する森林の蒸散により支えられている。[227] しかし、温暖化が進むと、熱帯雨林南部の降雨量が減少するせいで、蒸発量も小さくなる。結果的に、循環する水の「蒸発量」と「降水量」が減り、アマゾン全体で乾燥化が進むと予想されている。また、アマゾンでの火災の発生は、降雨量の不足によって指数関数的に増加することが知られている。[228]

乾燥化と森林火災により、アマゾン南部の森林減少が進行し、「サバンナ気候」の地域へと遷移したとしよう。熱帯雨林南部での蒸散により風下側へもたらされていた降水量も激減し、いよいよアマゾンの広域で森林消失がはじまる。

以上の推定には、人為的な森林伐採の影響は組み込まれていないので、地質時代に起こった出来事と比較するうえで参考になる。

ちなみに、いま述べた乾燥化と熱帯雨林の消失は、人為的な森林伐採によって加速する。推定では、二〇～二五パーセントの森林が失われたとき、広域での森林の消失とサバンナへの遷移が起こる。[229] 一九七〇年代以降、アマゾン熱帯雨林の約一七パーセントが森林破壊により失われたと推定されているので、南部を中心に再植林の必要性が訴えられている。[229]

大量絶滅のサイン

熱帯雨林の消失がもたらす影響として、「二酸化炭素吸収源としての機能が失われる」や「雨林に貯蔵されていた炭素が二酸化炭素として大気に放出される」といった話題を耳にされたことがあるだろう。しかしいま私たちが議論している「広範囲に分布し、個体数が多く、将来化石として残りやすい分類群」の絶滅との関連性でいうと、森林の消失によりもたらされる変化はおもに三つある。「陸上生態系の崩壊」「土壌流出」「海洋生態系の崩壊」である。

アマゾンの森林消失による「陸上生態系の崩壊」については、すでに多くの指摘があるが、「土壌流出」や「海洋生態系の崩壊」について言及した例は、おそらくそれほど多くはない。

風化の進んだ土壌をもつアマゾンの熱帯林は、リン酸塩、硝酸塩、ケイ酸塩、鉄といった混合物を豊富にふくむ。世界最大の流出量を誇るアマゾン川は、これらの栄養塩を海洋に運び、地球規模での高い基礎生産と炭素固定に影響を与えている。[230]

高い基礎生産性を実現する手段は、陸からの栄養塩の運搬だけではなく、深海からの湧昇もある。しかし湧昇の場合は、深海からもたらされる栄養塩に加えて二酸化炭素も上昇してくる。そのため、基礎生産により深海へ炭素が輸送されたとしても、全体としてみた炭素固定の正味の貢献度はそれほど高くない。

一方、アマゾン川流域でみられるタイプの基礎生産の増加は、生産された有機物を一方的に海洋表層から深層へと輸送する。「炭素隔離」という点においては、湧昇による基礎生産よりもはるかに重要なメカニズムとなっている。

アマゾン熱帯雨林をめぐっては、六度の温暖化（＝ティッピングポイント）を超えると、森林が失われるばかりか、海洋の生態系や炭素固定量の減少といった、非常に広範囲に影響を与える変化がもたらされる可能性が高い。レントンらの研究では触れられていないが、この六度の温暖化は、熱帯雨林の熱耐性の限界に近いものでもあり、森林消失は現実的に起こりうる可能性をより高めている。

つまり、地質学的知見からは、次のようなことが言えるだろう。

「六度の温暖化とアマゾン南部の熱帯雨林の消失が、陸と海の両方で大量絶滅のはじまりを告げるサインとなる」

森林消失のホットスポット

三畳紀とは異なり、現在は主要な六つの大陸が存在する時代である。そのため、熱帯雨林も、個々の大陸上に存在する。それらはおもに、アマゾン、アフリカ、東南アジアの三地域に分布している。熱帯雨林の崩壊は、大量絶滅のサインとなる可能性が高いので、アマゾン以外の熱帯雨林にも目を向けてみよう。

アフリカや東南アジアの熱帯雨林でも、森林からの蒸散が、それぞれの地域の降水量を支えている。[231]そのため森林面積が減少すると、熱帯雨林全体の降水量が減少する。とくに、森林破壊が降水量に与える影響については、インドネシアのボルネオ島で研究が進んでいる。

赤道直下のボルネオ島は、「森林消失のホットスポット」としばしば形容される。一九八〇年代には、ボルネオ島の七五パーセントが熱帯雨林に覆われていたが、現在はもとの半分程度の森林面積しか残っていない。木材需要や農業活動によって森林面積が減少したのだ。降水量の記録と森林消失がどのように関連しているかが検証された結果、森林が一五パーセント以上失われた流域では、降水量も一五パーセント以上減少していた。[232]

アフリカや東南アジアの熱帯雨林では、アマゾンのような気温のティッピングポイントは求められていない。しかし、ボルネオ島では、森林面積の減少にともなう乾燥化によって、気温が三一度を超えるような高温月の発生頻度が高まっている。[232]三〇度を超える熱帯の気温は、森林の熱耐性限界に近い。東南アジアの熱帯雨林も、そう遠くない時期にティッピングポイントを迎えるのかもしれない。

ここまで考えをめぐらせたところで、私はさらに先に起こる出来事を想像してみた。ひとたびアマゾン、アフリカ、東南アジアの熱帯雨林がティッピングポイントを超えて失われはじめると、もうもとの世界に引き返すことはできないのだろうか？

熱帯雨林の地表では微生物による分解が活発なため、有機物を豊富にふくむ腐植土の層は非常に薄く、土壌をうっすらと覆っているだけである。このような腐植土は、ひとたび森林が失われれば、速やかに地表から取り除かれるだろう。

しかし、岩石が化学風化を受けてできた土壌が残っていれば、数百年から数千年単位で、熱帯雨林が復活することもあるのではないだろうか。熱帯では風化作用が強いので、世界の他地域に比べると、地下に厚い土壌が存在する。[182] 土壌が砕屑物としてすべて流れ出てしまう前に、植林や保全活動といった手を打てば、そして温暖化の進行が止まっていれば、なんとかもとの世界にもどすことができるのではないだろうか？

守るべき土地

その考えは楽観的すぎるのかもしれない。ティッピングポイントからの帰還は、少なくとも一つの熱帯雨林では起こりそうにないことがわかった。東南アジア島嶼《とうしょ》部の熱帯雨林である。
図9・3に、世界の河川流域の砕屑物供給量を示す。矢印の太さは砕屑物供給量の大きさを表している。これをみると、背後に大山脈をもつ河川では、海へもたらされる砕屑物供給量が大きいことに気がつく。ヒマラヤ山脈を背後にもつガンジス川、アンデス山脈を源流とするアマゾン

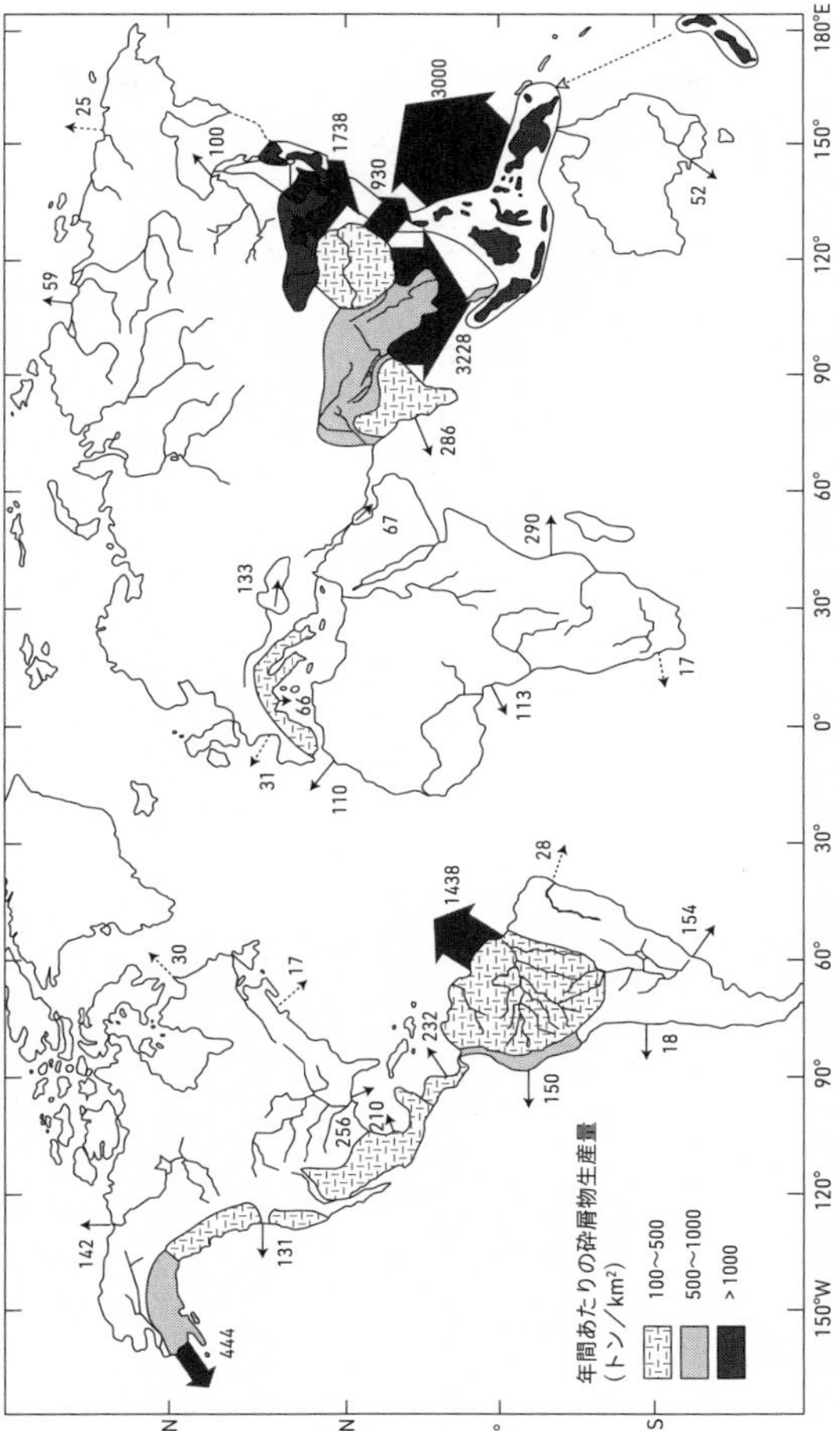

図9・3　世界の河川における砕屑物供給量

矢印横の数値（単位は100万トン）は、1年間あたりに河川から海洋に供給される砕屑物の量。

川、中央アジアの山岳地帯から流れる黄河・長江では、いずれも大きな砕屑物供給量をもつ。ところが、背後に大山脈をもたず、大きな河川もないのに、ひときわ砕屑物供給量の大きな地域がある。東南アジアの島々である。

インドネシアやニューギニアなど、降雨量の多い熱帯地域の島々から海へ供給される砕屑物の量は、流域面積が世界の二パーセントしかないにもかかわらず、世界全体の二五パーセントを占める。[233][234]その理由は、これらの島々の地形にある。火成活動により形成された島弧や火山島には平野部がほとんどなく、砕屑物は山岳地から多数の小河川をへて直接海へと供給されるというわけだ。また、東南アジアの島嶼部には、玄武岩が広く分布することも一つの要因となっている。玄武岩を構成する鉱物（たとえばカンラン石）は化学的風化に弱いため、風化により生成される砕屑物の量も多い。そのような地形的、地質学的特徴をもつ島々が、たまたま現代では、熱帯雨林に覆われて低緯度域に集中している。このようなケースは、長い地質時代を通じてもおそらくあまり例のないことである。

地表から流出する砕屑物の量が異常に多いため、東南アジア島嶼部の熱帯雨林では、ひとたび森林が失われると、土壌流出が短期間で進んでしまう。土壌を失った大地では、すぐにもとの熱帯雨林に回復することは見込めない。自然任せで森林を回復させるには、三畳紀末に起こった出来事と同様に、数十万年を要する可能性がある。
また土壌流出が進むと、海洋の生態系を維持する栄養塩の供給が止まってしまう。そのため、ひとたびティッピングポイントを超えてしまうと、東南アジアの島嶼部を中心に海洋生態系の崩壊がはじまるだろう。当然その影響は、オーストラリアから東南アジアにかけて広がるサンゴ礁にもおよぶ。そしてこの地域のサンゴ礁も、ティッピングポイントをもつ重要な地球システム構成要素である。

地質学的、地形学的観点から考えると、いますぐに森林被覆を取り戻さなければいけない地域は、東南アジア島嶼部の熱帯雨林なのかもしれない。

これが、いまの私に言える精一杯のことである。とにかく、地球がどのような歴史をたどってきたのか、知らないことが多すぎる。本章の最初に記したように、いまだに地球との付き合い方を探っている状態だ。少し刺激しただけで急にキレるかもしれないし、意外とおおらかで付き合いやすいのかもしれない。すべては地層の中に刻まれている。
デスクに腰かけていても何もはじまらない。そろそろ夏季休暇のスケジュールを確認して、安い海外航空券でも探してみようか。

エピローグ——深海

私とマニュエル・リゴは、来る日も来る日も坂祝町のチャートを溶かし続けた。この岩石は、三畳紀の終わりの頃に「パンサラッサ海」と呼ばれる超巨大海洋で堆積してできた地層だ。もう少し具体的には、三畳紀当時、現在の日本列島の位置から何千キロも離れた「赤道域の深海」で堆積してできたものである。チャートを構成する物質は、おもに放散虫とよばれる動物プランクトンであり、まれにコノドントの化石も見つかる。チャートを溶かしているのは、この放散虫とコノドントの化石を岩石中から取り出すためである。

私たちは、T／J境界を挟んだ二〇〇万年分の化石記録を読み解こうとしていた。チャートは、一枚一枚の層が三～五センチほどの厚さをもつので、二〇〇万年分の記録を読み解こうとすると、ざっと六メートル区間、一二〇枚のチャートを溶かして、化石を取り出す必要がある。大変な作業だが、やれないことはない。

三畳紀のチャートから化石の抽出をスタートして、種構成を確認していく。見つかる放散虫化石種は、カナダやモンテネグロから報告されている三畳紀のものと同じだ。コノドントも、イタリアの三畳紀末の地層から見つかるものと共通している。ヨーロッパの研究からは、コノドントは「セカンド」のタイミングで小型化が進み、ついには絶滅してしまったことが知られる。放散虫も「セカンド」のタイミングで突発的に絶滅する。

ところが、坂祝町のチャートから見つかる放散虫とコノドントは、いつまでたっても絶滅する気配を見せなかった。私たちが検証した試料は、とっくに「セカンド」のタイミングを越えてジュラ紀の年代に近づいていたが、三畳紀の種の化石がふつうに出てくる。私たちは不安になりながらも、ジュラ紀に向かって化石の抽出を続けた。

放散虫とコノドントは、「サード」のタイミングになって、ようやくチャート中からいなくなった。ヨーロッパで「サード」は、ジュラ紀型生物の出現と生物多様性の回復期にあたる。

なにかがおかしい。陸から遠く離れたパンサラッサ海の赤道域では、世界各地で確認されている大量絶滅期を越えて、放散虫とコノドントが生き続けていた。古い時代の地層から、再堆積して三畳紀の放散虫やコノドントが流れ込んできた可能性も考慮したが、そのような証拠は一つも見つからなかった。

考えられることは一つしかない。パンサラッサ海の赤道域は、放散虫やコノドントの避難場所、すなわち「海のリフュージア」となっていたのだ。

海洋動物の生態系を支えるためには、基礎生産が高くなければならない。現在の太平洋で赤道域の基礎生産を支えるのは、深海底からもたらされる湧昇流だ。深海の冷たくて重い海水は、栄養塩を豊富にふくむ。赤道域の表層水は、エクマン流と呼ばれる流れにより南北に分かれるため、それを補う形で深海から湧昇が起こる。これにより栄養塩が表層にもたらされて、海洋生態系を維持することができる。T／J境界でも同じことが起こって、放散虫とコノドントの生存を支えていたのかもしれない。

私は本書で、大地と生命のつながりについて語ってきた。とくに大地の変化が、海洋生態系にとっていかに重要な役割を果たしてきたかを考察してきたつもりだ。しかし、いま私の目の前に現れたのは、世界の七割近くを占める「深海底」が支える海洋生態系である。

大量絶滅以降も放散虫とコノドントを支え続けた深層水は、いったいどこで形成されたのか。栄養塩は陸上に由来したのか。であれば、森林消失や土壌流出と関係があったのか。あるいはなかったのか。陸と沿岸で絶滅が起きたあと、どのくらいの期間、深層水は海のリフュージアを支えることができたのか。栄養塩が深海に滞留する時間は、どれくらいあったのか――。

大地だけではなかった。深海の環境が海洋表層の生命活動に与える影響を、私はほとんど評価できていない。逆に考えると、深海の変化からはじまる大量絶滅も、もしかしたらあるのだろうか？ そして深海にも、ティッピングポイントがあるのだろうか？

新たな謎が立ち上がった。答えは何も用意されていないし、誰も知らない。「ファンクーロ！」と大声で叫びたくなった。これだから研究はやめられない。

謝辞

本書で取り上げた「大量絶滅」にかかわるすべての研究者に、心から感謝申し上げます。彼らはよき理解者として、ときにはライバルとして、私の研究に大きな影響を与えています。とくに、マニュエル・リゴ氏との共同研究がなければ、本書を完成させることはできませんでした。また、岐阜県坂祝町の皆様には、私自身や研究室学生の地質調査の際に、大変お世話になりました。本書はコロナ禍の大変な時期に執筆を進めましたが、この困難をともに乗り越えた、九州大学地球進化史研究分野の教員、学生のみなさんにも感謝申し上げたいです。講談社サイエンティフィクの渡邉拓氏には、本書を書くきっかけをいただいたうえに、原稿をていねいに見ていただきました。さらに、家族の多大なるサポートのおかげで、海外出張も多い私の研究生活が続けられていることは言うまでもありません。この場をお借りして、心から感謝の意を表させていただきます。

二〇二三年八月

尾上哲治

4　D. L. Royer *et al.*, 2001.（文献［155］）

7　著者作成

8　Flank Vassen, *Wikimedia Commons*.（2023年8月3日閲覧）
https://commons.wikimedia.org/wiki/File:Madagascar_erosion.jpg

9　著者作成

図6·3 T. Onoue *et al.*, 2022.（文献［148］）

図6·4 著者作成

第7章

図7·1 S. K. Berke *et al.*, 2013.（文献［180］）

図7·2 B. van de Schootbrugge *et al.*, 2020.（文献［181］）
S. Lindström *et al.*, 2017.（文献［115］）

第8章

図8·1 著者撮影

図8·2 S. Asseng *et al.*, 2021.（文献［198］）

図8·3 M. N. Smith *et al.*, 2020.（文献［205］）

図8·4 S. Asseng *et al.*, 2021.（文献［198］）

図8·5 B. W. Sellwood & P. J. Valdes, 2006. Mesozoic climates: General circulation models and the rock record. *Sedimentary Geology* **190**, 269–287.

図8·6 著者作成

第9章

図9·1 L. ロックストローム・M.クルム著, 武内和彦・石井菜穂子監修, 谷淳也ほか訳, 2018. *小さな地球の大きな世界 プラネタリー・バウンダリーと持続可能な開発*. (丸善出版).

図9·2 D. I. Armstrong McKay *et al.*, 2022.（文献［226］）

図9·3 J. D. Milliman & R. H. Meade, 1983（文献［233］）

コラム

1 J. J. Sepkoski, Jr., 1984, A kinetic model of Phanerozoic taxonomic diversity. III. Post-Paleozoic families and mass extinctions. *Paleobiology* **10**, 246–267.

2 著者作成

3 D. M. Bice *et al.*, 1992.（文献［81］）

図3・4 P. E. Olsen *et al.*, 2002.（文献［61］）
J. H. Whiteside *et al.*, 2021. In *Large Igneous Provinces: A Driver of Global Environmental and Biotic Changes*, R. E. Ernst *et al.*, Eds. (John Wiley & Sons), pp. 263–304.

図3・5 C. W. Poag, 1997. Roadblocks on the kill curve: Testing the Raup hypothesis. *Palaios* **12**, 582–590.

図3・6 S. Lindström *et al.*, 2015.（文献［71］）

第**4**章

図4・1 著者撮影

図4・2 著者撮影

図4・3 著者作成

図4・4 著者作成

図4・5 著者作成

第**5**章

図5・1 T. H. Heimdal *et al.*, 2018.（文献［126］）

図5・2 著者撮影

図5・3 J. C. McElwain *et al.*, 1999.（文献［129］）
M. Steinthorsdottir *et al.*, 2011.（文献［130］）
M. Slodownik *et al.*, 2021.（文献［138］）

図5・4 著者撮影

図5・5 著者作成

図5・6 T. J. Algeo *et al.*, 2011.（文献［150］）

図5・7 P. B. Wignall, 2007. The End-Permian mass extinction — how bad did it get? *Geobiology* **5**, 303–309.
S. D. Schoepfer *et al.*, 2022.（文献［153］）

第**6**章

図6・1 著者作成

図6・2 著者撮影

［図版出典一覧］

付図1　著者作成

付図2　著者作成

第1章

図1・1　著者撮影

図1・2　S. G. Lucas, 2018.（文献［107］）

図1・3　R. J. Aldridge, 2014. In *Reference Module in Earth Systems and Environmental Sciences.* (Elsevier).
写真は著者撮影

図1・4　著者撮影

図1・5　著者作成

第2章

図2・1　著者撮影

図2・2　A. Hallam & P. B. Wignall, 1999. Mass extinctions and sea-level changes. *Earth-Science Reviews* **48**, 217–250.

図2・3　著者撮影

図2・4　M. Hautmann *et al.*, 2008. Catastrophic ocean acidification at the Triassic-Jurassic boundary. *Neues Jahrbuch für Geologie und Paläontologie* **249**, 119–127.

図2・5　著者作成

図2・6　著者作成

第3章

図3・1　T. J. Blackburn *et al.*, 2013.（文献［124］）

図3・2　L. W. Alvarez *et al.*, 1980.（文献［59］）
写真は著者撮影

図3・3　NASA photograph STS009-48-3139 (courtesy of NASA Johnson Space Center).

development on a changing planet. *Science* **347**, 1259855.

[223] M. Foote, 1994. Temporal variation in extinction risk and temporal scaling of extinction metrics. *Paleobiology* **20**, 424–444.

[224] M. Simon, 2019. Our planet may be barreling toward a tipping point. *WIRED*. https://www.wired.com/story/climate-tipping-point/.

[225] T. M. Lenton *et al.*, 2008. Tipping elements in the Earth's climate system. *Proceedings of the National Academy of Sciences* **105**, 1786–1793.

[226] D. I. Armstrong McKay *et al.*, 2022. Exceeding 1.5°C global warming could trigger multiple climate tipping points. *Science* **377**, eabn7950.

[227] A. Staal *et al.*, 2018. Forest-rainfall cascades buffer against drought across the Amazon. *Nature Climate Change* **8**, 539–543.

[228] L. E. O. C. Aragão *et al.*, 2008. Interactions between rainfall, deforestation and fires during recent years in the Brazilian Amazonia. *Philosophical Transactions of the Royal Society B: Biological Sciences* **363**, 1779–1785.

[229] T. E. Lovejoy & C. Nobre, 2018. Amazon tipping point. *Science Advances* **4**, eaat2340.

[230] A. Subramaniam *et al.*, 2008. Amazon River enhances diazotrophy and carbon sequestration in the tropical North Atlantic Ocean. *Proceedings of the National Academy of Sciences* **105**, 10460–10465.

[231] C. Smith *et al.*, 2023. Tropical deforestation causes large reductions in observed precipitation. *Nature* **615**, 270–275.

[232] C. A. McAlpine *et al.*, 2018. Forest loss and Borneo's climate. *Environmental Research Letters* **13**, 044009.

[233] J. D. Milliman & R. H. Meade, 1983. World-wide delivery of river sediment to the oceans. *The Journal of Geology* **91**, 1–21.

[234] 平朝彦, 2001. *地質学1 地球のダイナミックス*. (岩波書店).

Palaeoenvironments **90**, 187–201.

[211] G. Sun *et al.*, 2010. The Upper Triassic to Middle Jurassic strata and floras of the Junggar Basin, Xinjiang, Northwest China. *Palaeobiodiversity and Palaeoenvironments* **90**, 203–214.

[212] X. Zhang *et al.*, 2022. Biomarker evidence for deforestation across the Triassic-Jurassic boundary in the high palaeolatitude Junggar Basin, northwest China. *Palaeogeography, Palaeoclimatology, Palaeoecology* **600**, 111074.

[213] R. A. Berner & D. J. Beerling, 2007. Volcanic degassing necessary to produce a $CaCO_3$ undersaturated ocean at the Triassic–Jurassic boundary. *Palaeogeography, Palaeoclimatology, Palaeoecology* **244**, 368–373.

[214] T. H. Heimdal *et al.*, 2019. Evidence for magma–evaporite interactions during the emplacement of the Central Atlantic Magmatic Province (CAMP) in Brazil. *Earth and Planetary Science Letters* **506**, 476–492.

[215] J. P. Landwehrs *et al.*, 2020. Climatic fluctuations modeled for carbon and sulfur emissions from end-Triassic volcanism. *Earth and Planetary Science Letters* **537**, 116174.

[216] D. B. Wake & V. T. Vredenburg, 2008. Are we in the midst of the sixth mass extinction? A view from the world of amphibians. *Proceedings of the National Academy of Sciences* **105**, 11466–11473.

[217] K. E. Carpenter *et al.*, 2008. One-third of reef-building corals face elevated extinction risk from climate change and local impacts. *Science* **321**, 560–563.

[218] R. H. Cowie *et al.*, 2022. The sixth mass extinction: Fact, fiction or speculation? *Biological Reviews* **97**, 640–663.

[219] C. Loehle & W. Eschenbach, 2012. Historical bird and terrestrial mammal extinction rates and causes. *Diversity and Distributions* **18**, 84–91.

[220] J. Rockström *et al.*, 2009. Planetary boundaries: Exploring the safe operating space for humanity. *Ecology and Society* **14**, 32.

[221] J. Rockström *et al.*, 2009. A safe operating space for humanity. *Nature* **461**, 472–475.

[222] W. Steffen *et al.*, 2015. Planetary boundaries: Guiding human

[199] J. M. Sunday *et al.*, 2011. Global analysis of thermal tolerance and latitude in ectotherms. *Proceedings of the Royal Society B: Biological Sciences* **278**, 1823–1830.

[200] R. B. Huey *et al.*, 2009. Why tropical forest lizards are vulnerable to climate warming. *Proceedings of the Royal Society B: Biological Sciences* **276**, 1939–1948.

[201] S. M. Whitfield *et al.*, 2007. Amphibian and reptile declines over 35 years at La Selva, Costa Rica. *Proceedings of the National Academy of Sciences* **104**, 8352–8356.

[202] D. L. Royer *et al.*, 2004. CO_2 as a primary driver of Phanerozoic climate. *GSA Today* **14**, 4–10.

[203] M. F. Schaller *et al.*, 2012. Rapid emplacement of the Central Atlantic Magmatic Province as a net sink for CO_2. *Earth and Planetary Science Letters* **323–324**, 27–39.

[204] P. Olsen *et al.*, 2022. Arctic ice and the ecological rise of the dinosaurs. *Science Advances* **8**, eabo6342.

[205] M. N. Smith *et al.*, 2020. Empirical evidence for resilience of tropical forest photosynthesis in a warmer world. *Nature Plants* **6**, 1225–1230.

[206] M. E. Day, 2000. Influence of temperature and leaf-to-air vapor pressure deficit on net photosynthesis and stomatal conductance in red spruce (*Picea rubens*). *Tree Physiology* **20**, 57–63.

[207] D. A. Way & R. F. Sage, 2008. Elevated growth temperatures reduce the carbon gain of black spruce [*Picea mariana* (Mill.) B.S.P.]. *Global Change Biology* **14**, 624–636.

[208] E. Kustatscher *et al.*, 2018. In *The Late Triassic World: Earth in a Time of Transition*, L. H. Tanner, Ed. (Springer International Publishing), pp. 545–622.

[209] E. M. Bordy *et al.*, 2020. A chronostratigraphic framework for the upper Stormberg Group: Implications for the Triassic-Jurassic boundary in southern Africa. *Earth-Science Reviews* **203**, 103120.

[210] A. R. Ashraf *et al.*, 2010. Triassic and Jurassic palaeoclimate development in the Junggar Basin, Xinjiang, Northwest China —a review and additional lithological data. *Palaeobiodiversity and*

[187] S. J. Burns *et al.*, 2016. Rapid human-induced landscape transformation in Madagascar at the end of the first millennium of the Common Era. *Quaternary Science Reviews* **134**, 92–99.

[188] L. Brosens *et al.*, 2022. Under pressure: Rapid lavaka erosion and floodplain sedimentation in central Madagascar. *Science of the Total Environment* **806**, 150483.

[189] G. Vieilledent *et al.*, 2018. Combining global tree cover loss data with historical national forest cover maps to look at six decades of deforestation and forest fragmentation in Madagascar. *Biological Conservation* **222**, 189–197.

[190] M. Vanmaercke *et al.*, 2021. Measuring, modelling and managing gully erosion at large scales: A state of the art. *Earth-Science Reviews* **218**, 103637.

[191] G. Gyssels *et al.*, 2005. Impact of plant roots on the resistance of soils to erosion by water: A review. *Progress in Physical Geography: Earth and Environment* **29**, 189–217.

[192] G. Brasseur & C. Granier, 1992. Mount Pinatubo aerosols, chlorofluorocarbons, and ozone depletion. *Science* **257**, 1239–1242.

[193] M. P. McCormick *et al.*, 1995. Atmospheric effects of the Mt Pinatubo eruption. *Nature* **373**, 399–404.

[194] S. C. Sherwood & M. Huber, 2010. An adaptability limit to climate change due to heat stress. *Proceedings of the National Academy of Sciences* **107**, 9552–9555.

[195] E. K. Gardner & G. Kline, 2010. Researchers find future temperatures could exceed livable limits. *Purdue University, University News Service.* https://www.purdue.edu/newsroom/research/2010/100504 HuberLimits.html.

[196] D. J. Vecellio *et al.*, 2022. Evaluating the 35°C wet-bulb temperature adaptability threshold for young, healthy subjects (PSU HEAT Project). *Journal of Applied Physiology* **132**, 340–345.

[197] C. Mora *et al.*, 2017. Global risk of deadly heat. *Nature Climate Change* **7**, 501–506.

[198] S. Asseng *et al.*, 2021. The upper temperature thresholds of life. *The Lancet Planetary Health* **5**, 378–385.

4–10.

[175] K. G. Ashton & C. R. Feldman, 2003. Bergmann's rule in nonavian reptiles: Turtles follow it, lizards and snakes reverse it. *Evolution* **57**, 1151–1163.

[176] G. Hunt & K. Roy, 2006. Climate change, body size evolution, and Cope's Rule in deep-sea ostracodes. *Proceedings of the National Academy of Sciences* **103**, 1347–1352.

[177] J. G. Kingsolver & R. B. Huey, 2008. Size, temperature, and fitness: Three rules. *Evolutionary Ecology Research* **10**, 251–268.

[178] B. S. Wade & R. J. Twitchett, 2009. Extinction, dwarfing and the Lilliput effect. *Palaeogeography, Palaeoclimatology, Palaeoecology* **284**, 1–3.

[179] S. Nürnberg *et al.*, 2012. Evolutionary and ecological patterns in body size, shape, and ornamentation in the Jurassic bivalve *Chlamys* (*Chlamys*) *textoria* (Schlotheim, 1820). *Fossil Record* **15**, 27–39.

[180] S. K. Berke *et al.*, 2013. Beyond Bergmann's rule: Size–latitude relationships in marine Bivalvia world-wide. *Global Ecology and Biogeography* **22**, 173–183.

[181] B. van de Schootbrugge *et al.*, 2020. Catastrophic soil loss associated with end-Triassic deforestation. *Earth-Science Reviews* **210**, 103332.

[182] J. E. Andrews *et al.*, 2004. *An Introduction to Environmental Chemistry, 2nd edition*. (Blackwell Science).

[183] D. Uhl & M. Montenari, 2011. Charcoal as evidence of palaeo-wildfires in the Late Triassic of SW Germany. *Geological Journal* **46**, 34–41.

[184] H. I. Petersen & S. Lindström, 2012. Synchronous wildfire activity rise and mire deforestation at the Triassic–Jurassic boundary. *PLoS ONE* **7**, e47236.

[185] デイヴィッド・ビアリング, 西田佐知子訳, 2015. *植物が出現し、気候を変えた*. (みすず書房).

[186] U. Bloesch, 1999. Fire as a tool in the management of a savanna/dry forest reserve in Madagascar. *Applied Vegetation Science* **2**, 117–124.

[163] J. W. H. Weijers *et al.*, 2007. Warm arctic continents during the Palaeocene–Eocene Thermal Maximum. ***Earth and Planetary Science Letters*** **261**, 230–238.

[164] B. Schmitz *et al.*, 2001. Climate and sea-level perturbations during the Incipient Eocene Thermal Maximum: Evidence from siliciclastic units in the Basque Basin (Ermua, Zumaia and Trabakua Pass), northern Spain. *Palaeogeography, Palaeoclimatology, Palaeoecology* **165**, 299–320.

[165] J. C. Zachos *et al.*, 2005. Rapid acidification of the ocean during the Paleocene-Eocene Thermal Maximum. *Science* **308**, 1611–1615.

[166] F. A. McInerney & S. L. Wing, 2011. The Paleocene-Eocene Thermal Maximum: A perturbation of carbon cycle, climate, and biosphere with implications for the future. *Annual Review of Earth and Planetary Sciences* **39**, 489–516.

[167] M. Storey *et al.*, 2007. Paleocene-Eocene Thermal Maximum and the opening of the northeast Atlantic. *Science* **316**, 587–589.

[168] L. L. Haynes & B. Hönisch, 2020. The seawater carbon inventory at the Paleocene–Eocene Thermal Maximum. *Proceedings of the National Academy of Sciences* **117**, 24088–24095.

[169] M. Rigo & M. M. Joachimski, 2010. Palaeoecology of Late Triassic conodonts: Constraints from oxygen isotopes in biogenic apatite. *Acta Palaeontologica Polonica* **55**, 471–478.

[170] J. A. Trotter *et al.*, 2015. Long-term cycles of Triassic climate change: A new δ^{18}O record from conodont apatite. *Earth and Planetary Science Letters* **415**, 165–174.

[171] M. Rigo & H. Campbell, 2022. Correlation between the Warepan/Otapirian and the Norian/Rhaetian stage boundary: Implications of a global negative $\delta^{13}C_{org}$ perturbation. *New Zealand Journal of Geology and Geophysics* **65**, 397–406.

[172] 入江貴博, 2007. 地理的変異の近接的機構としての表現型可塑性：外温動物の体サイズ・クライン. *日本生態学会誌* **57**, 55–63.

[173] 入江貴博, 2010. 温度-サイズ則の適応的意義. *日本生態学会誌* **60**, 169–181.

[174] P. J. Harries & P. O. Knorr, 2009. What does the 'Lilliput Effect' mean? *Palaeogeography, Palaeoclimatology, Palaeoecology* **284**,

Earth Science **8**, 613126.

[152] P. B. Wignall, 2015. *The Worst of Times: How Life on Earth Survived Eighty Million Years of Extinctions.* (Princeton University Press).

[153] S. D. Schoepfer *et al.*, 2022. The Triassic–Jurassic transition – A review of environmental change at the dawn of modern life. *Earth-Science Reviews* **232**, 104099.

[154] M. Capriolo *et al.*, 2021. Massive methane fluxing from magma–sediment interaction in the end-Triassic Central Atlantic Magmatic Province. *Nature Communications* **12**, 5534.

[155] D. L. Royer *et al.*, 2001. Phanerozoic atmospheric CO_2 change: Evaluating geochemical and paleobiological approaches. *Earth-Science Reviews* **54**, 349–392.

[156] A. Götz *et al.*, 2006. Palynology, T/J boundary microfacies, clay mineralogy, C and O isotopes and other palaeoclimatic indicators from the Tatra Mts. *Volumina Jurassica* **4**, 282–283.

[157] K. Ruckwied & A. E. Götz, 2009. Climate change at the Triassic/Jurassic boundary: Palynological evidence from the Furkaska section (Tatra Mountains, Slovakia). *Geologica Carpathica* **60**, 139–149.

[158] A. E. Götz *et al.*, 2009. Palynological evidence of synchronous changes within the terrestrial and marine realm at the Triassic/Jurassic boundary (Csővár section, Hungary). *Review of Palaeobotany and Palynology* **156**, 401–409.

[159] B. van de Schootbrugge *et al.*, 2009. Floral changes across the Triassic/Jurassic boundary linked to flood basalt volcanism. *Nature Geoscience* **2**, 589–594.

[160] S. Lindström *et al.*, 2012. No causal link between terrestrial ecosystem change and methane release during the end-Triassic mass extinction. *Geology* **40**, 531–534.

[161] M. Rigo *et al.*, 2020. The Late Triassic Extinction at the Norian/Rhaetian boundary: Biotic evidence and geochemical signature. *Earth-Science Reviews* **204**, 103180.

[162] A. Sluijs *et al.*, 2006. Subtropical Arctic Ocean temperatures during the Palaeocene/Eocene thermal maximum. *Nature* **441**, 610–613.

composition of shales. *Journal of Sedimentary Research* **35**, 213–222.

[141] C. E. Weaver, 1980. Fine-grained rocks: Shales or physilites. *Sedimentary Geology* **27**, 301–313.

[142] S. R. Taylor & S. M. McLennan, 1985. *The Continental Crust: Its Composition and Evolution*. (Blackwell Scientific Publications).

[143] H. W. Nesbitt & G. M. Young, 1984. Prediction of some weathering trends of plutonic and volcanic rocks based on thermodynamic and kinetic considerations. *Geochimica et Cosmochimica Acta* **48**, 1523–1534.

[144] C. Robert & H. Chamley, 1991. Development of early Eocene warm climates, as inferred from clay mineral variations in oceanic sediments. *Global and Planetary Change* **3**, 315–331.

[145] A. Ruffell *et al.*, 2002. Comparison of clay mineral stratigraphy to other proxy palaeoclimate indicators in the Mesozoic of NW Europe. *Philosophical Transactions of the Royal Society A: Mathematical, Physical and Engineering Sciences* **360**, 675–693.

[146] O. Lintnerová *et al.*, 2013. Latest Triassic climate humidification and kaolinite formation (Western Carpathians, Tatric Unit of the Tatra Mts.). *Geological Quarterly* **57**, 701–728.

[147] E. Larina *et al.*, 2019. Uppermost Triassic phosphorites from Williston Lake, Canada: Link to fluctuating euxinic-anoxic conditions in northeastern Panthalassa before the end-Triassic mass extinction. *Scientific Reports* **9**, 18790.

[148] T. Onoue *et al.*, 2022. Extreme continental weathering in the northwestern Tethys during the end-Triassic mass extinction. *Palaeogeography, Palaeoclimatology, Palaeoecology* **594**, 110934.

[149] K. M. Meyer *et al.*, 2008. Biogeochemical controls on photic-zone euxinia during the end-Permian mass extinction. *Geology* **36**, 747–750.

[150] T. J. Algeo *et al.*, 2011. Terrestrial–marine teleconnections in the collapse and rebuilding of Early Triassic marine ecosystems. *Palaeogeography, Palaeoclimatology, Palaeoecology* **308**, 1–11.

[151] T. Onoue *et al.*, 2021. Development of deep-sea anoxia in Panthalassa during the Lopingian (Late Permian): Insights from redox-sensitive elements and multivariate analysis. *Frontiers in*

the Triassic-Jurassic boundary. *Science* **285**, 1386–1390.

[130] M. Steinthorsdottir *et al.*, 2011. Extremely elevated CO_2 concentrations at the Triassic/Jurassic boundary. *Palaeogeography, Palaeoclimatology, Palaeoecology* **308**, 418–432.

[131] M. F. Schaller *et al.*, 2011. Atmospheric pCO_2 perturbations associated with the Central Atlantic Magmatic Province. *Science* **331**, 1404–1409.

[132] P. J. Franks *et al.*, 2014. New constraints on atmospheric CO_2 concentration for the Phanerozoic. *Geophysical Research Letters* **41**, 4685–4694.

[133] F. I. Woodward, 1987. Stomatal numbers are sensitive to increases in CO_2 from pre-industrial levels. *Nature* **327**, 617–618.

[134] J. C. McElwain & M. Steinthorsdottir, 2017. Paleoecology, ploidy, paleoatmospheric composition, and developmental biology: A review of the multiple uses of fossil stomata. *Plant Physiology* **174**, 650–664.

[135] P. K. Van de Water *et al.*, 1994. Trends in stomatal density and $^{13}C/^{12}C$ ratios of *Pinus flexilis* needles during last glacial-interglacial cycle. *Science* **264**, 239–243.

[136] S. Lindström & M. Erlström, 2006. The late Rhaetian transgression in southern Sweden: Regional (and global) recognition and relation to the Triassic–Jurassic boundary. *Palaeogeography, Palaeoclimatology, Palaeoecology* **241**, 339–372.

[137] S. Lindström *et al.*, 2021. Tracing volcanic emissions from the Central Atlantic Magmatic Province in the sedimentary record. *Earth-Science Reviews* **212**, 103444.

[138] M. Slodownik *et al.*, 2021. Fossil seed fern *Lepidopteris ottonis* from Sweden records increasing CO_2 concentration during the end-Triassic extinction event. *Palaeogeography, Palaeoclimatology, Palaeoecology* **564**, 110157.

[139] J. Michalík *et al.*, 2010. Climate change at the Triassic/Jurassic boundary in the northwestern Tethyan realm, inferred from sections in the Tatra Mountains (Slovakia). *Acta Geologica Polonica* **60**, 535–548.

[140] D. B. Shaw & C. E. Weaver, 1965. The mineralogical

[118] A. B. Jost *et al.*, 2017. Uranium isotope evidence for an expansion of marine anoxia during the end-Triassic extinction. *Geochemistry, Geophysics, Geosystems* **18**, 3093–3108.

[119] C. Korte *et al.*, 2009. Palaeoenvironmental significance of carbon- and oxygen-isotope stratigraphy of marine Triassic–Jurassic boundary sections in SW Britain. *Journal of the Geological Society* **166**, 431–445.

[120] L. M. E. Percival *et al.*, 2017. Mercury evidence for pulsed volcanism during the end-Triassic mass extinction. *Proceedings of the National Academy of Sciences* **114**, 7929–7934.

[121] J. Shen *et al.*, 2022. Intensified continental chemical weathering and carbon-cycle perturbations linked to volcanism during the Triassic–Jurassic transition. *Nature Communications* **13**, 299.

[122] A. M. Thibodeau *et al.*, 2016. Mercury anomalies and the timing of biotic recovery following the end-Triassic mass extinction. *Nature Communications* **7**, 11147.

[123] J. A. Yager *et al.*, 2021. Mercury contents and isotope ratios from diverse depositional environments across the Triassic–Jurassic Boundary: Towards a more robust mercury proxy for large igneous province magmatism. *Earth-Science Reviews* **223**, 103775.

[124] T. J. Blackburn *et al.*, 2013. Zircon U-Pb geochronology links the end-Triassic extinction with the Central Atlantic Magmatic Province. *Science* **340**, 941–945.

[125] J. H. F. L. Davies *et al.*, 2017. End-Triassic mass extinction started by intrusive CAMP activity. *Nature Communications* **8**, 15596.

[126] T. H. Heimdal *et al.*, 2018. Large-scale sill emplacement in Brazil as a trigger for the end-Triassic crisis. *Scientific Reports* **8**, 141.

[127] A. T. Filho *et al.*, 2008. Magmatism and petroleum exploration in the Brazilian Paleozoic basins. *Marine and Petroleum Geology* **25**, 143–151.

[128] A. E. Črne *et al.*, 2011. A biocalcification crisis at the Triassic-Jurassic boundary recorded in the Budva Basin (Dinarides, Montenegro). *GSA Bulletin* **123**, 40–50.

[129] J. C. McElwain *et al.*, 1999. Fossil plants and global warming at

[106] S. G. Lucas & L. H. Tanner, 2008. In *Mass Extinction*, A. M. T. Elewa, Ed. (Springer-Verlag), pp. 65–102.

[107] S. G. Lucas, 2018. In *The Late Triassic World: Earth in a Time of Transition*, L. H. Tanner, Ed. (Springer International Publishing), pp. 237–261.

[108] A. v. Hillebrandt *et al.*, 2007. A candidate GSSP for the base of the Jurassic in the Northern Calcareous Alps (Kuhjoch section, Karwendel Mountains, Tyrol, Austria). *ISJS Newsletter* **34**, 2–20.

[109] M. Rigo *et al.* , 2018. In *The Late Triassic World: Earth in a Time of Transition*, L. H. Tanner, Ed. (Springer International Publishing), pp. 189–235.

[110] L. H. Tanner *et al.*, 2004. Assessing the record and causes of Late Triassic extinctions. *Earth-Science Reviews* **65**, 103–139.

[111] G. D. Stanley, Jr., Ed., 2001. *The History and Sedimentology of Ancient Reef Systems*. (Kluwer Academic/Plenum Publishers).

[112] W. Kiessling *et al.*, 1999. Paleoreef maps: Evaluation of a comprehensive database on Phanerozoic reefs. *AAPG Bulletin* **83**, 1552–1587.

[113] W. Kiessling *et al.*, 2007. Extinction trajectories of benthic organisms across the Triassic–Jurassic boundary. *Palaeogeography, Palaeoclimatology, Palaeoecology* **244**, 201–222.

[114] S. P. Hesselbo *et al.*, 2004. Sea-level change and facies development across potential Triassic–Jurassic boundary horizons, SW Britain. *Journal of the Geological Society* **161**, 365–379.

[115] S. Lindström *et al.*, 2017. A new correlation of Triassic–Jurassic boundary successions in NW Europe, Nevada and Peru, and the Central Atlantic Magmatic Province: A time-line for the end-Triassic mass extinction. *Palaeogeography, Palaeoclimatology, Palaeoecology* **478**, 80–102.

[116] A. B. Jost *et al.*, 2017. Additive effects of acidification and mineralogy on calcium isotopes in Triassic/Jurassic boundary limestones. *Geochemistry, Geophysics, Geosystems* **18**, 113–124.

[117] B. van de Schootbrugge *et al.*, 2007. End-Triassic calcification crisis and blooms of organic-walled ‘disaster species’. *Palaeogeography, Palaeoclimatology, Palaeoecology* **244**, 126–141.

113–125.

[95] P. D. Ward *et al.*, 2001. Sudden productivity collapse associated with the Triassic-Jurassic boundary mass extinction. *Science* **292**, 1148–1151.

[96] E. S. Carter & R. S. Hori, 2005. Global correlation of the radiolarian faunal change across the Triassic–Jurassic boundary. *Canadian Journal of Earth Sciences* **42**, 777–790.

[97] S. P. Hesselbo *et al.*, 2002. Terrestrial and marine extinction at the Triassic-Jurassic boundary synchronized with major carbon-cycle perturbation: A link to initiation of massive volcanism? *Geology* **30**, 251–254.

[98] C. M. Belcher *et al.*, 2010. Increased fire activity at the Triassic/Jurassic boundary in Greenland due to climate-driven floral change. *Nature Geoscience* **3**, 426–429.

[99] M. Rubino *et al.*, 2013. A revised 1000year atmospheric $\delta^{13}C$-CO_2 record from Law Dome and South Pole, Antarctica. *Journal of Geophysical Research: Atmospheres* **118**, 8482–8499.

[100] M. Battle *et al.*, 2000. Global carbon sinks and their variability inferred from atmospheric O_2 and $\delta^{13}C$. *Science* **287**, 2467–2470.

[101] M. Ruhl & W. M. Kürschner, 2011. Multiple phases of carbon cycle disturbance from large igneous province formation at the Triassic-Jurassic transition. *Geology* **39**, 431–434.

[102] W. Fujisaki *et al.*, 2018. Global perturbations of carbon cycle during the Triassic–Jurassic transition recorded in the mid-Panthalassa. *Earth and Planetary Science Letters* **500**, 105–116.

[103] Y. Du *et al.*, 2020. The asynchronous disappearance of conodonts: New constraints from Triassic-Jurassic boundary sections in the Tethys and Panthalassa. *Earth-Science Reviews* **203**, 103176.

[104] P. B. Wignall & J. W. Atkinson, 2020. A two-phase end-Triassic mass extinction. *Earth-Science Reviews* **208**, 103282.

[105] J. Guex *et al.*, 2004. High-resolution ammonite and carbon isotope stratigraphy across the Triassic–Jurassic boundary at New York Canyon (Nevada). *Earth and Planetary Science Letters* **225**, 29–41.

the Newark Supergroup. *Canadian Journal of Earth Sciences* **35**, 101–109.

[84] W. v. Engelhardt & W. Bertsch, 1969. Shock induced planar deformation structures in quartz from the Ries crater, Germany. *Contributions to Mineralogy and Petrology* **20**, 203–234.

[85] M. Zaffani *et al.*, 2018. A new Rhaetian $\delta^{13}C_{org}$ record: Carbon cycle disturbances, volcanism, End-Triassic mass Extinction (ETE). *Earth-Science Reviews* **178**, 92–104.

[86] F. Jadoul & M. T. Galli, 2008. The Hettangian shallow water carbonates after the Triassic/Jurassic biocalcification crisis: The Albenza Formation in the western Southern Alps. *Rivista Italiana di Paleontologia e Stratigrafia* **114**, 453–470.

[87] M. T. Galli *et al.*, 2007. Stratigraphy and palaeoenvironmental analysis of the Triassic–Jurassic transition in the western Southern Alps (Northern Italy). *Palaeogeography, Palaeoclimatology, Palaeoecology* **244**, 52–70.

[88] 鈴木寿志ほか, 2015. 北部石灰アルプスのジュラ系とその国際境界模式層序・位置. *地質学雑誌* **121**, 83–90.

[89] A. v. Hillebrandt *et al.*, 2013. The Global Stratotype Sections and Point (GSSP) for the base of the Jurassic System at Kuhjoch (Karwendel Mountains, Northern Calcareous Alps, Tyrol, Austria). *Episodes* **36**, 162–198.

[90] M. Palotai *et al.*, 2017. Structural complexity at and around the Triassic–Jurassic GSSP at Kuhjoch, Northern Calcareous Alps, Austria. *International Journal of Earth Sciences* **106**, 2475–2487.

[91] A. v. Hillebrandt & L. Krystyn, 2009. On the oldest Jurassic ammonites of Europe (Northern Calcareous Alps, Austria) and their global significance. *Neues Jahrbuch für Geologie und Paläontologie* **253**, 163–195.

[92] N. Morton, 2008. Selection and voting procedures for the base Hettangian. *ISJS Newsletter* **35**, 67–74.

[93] C. A. McRoberts *et al.*, 2012. Macrofaunal response to the end-Triassic mass extinction in the west-Tethyan Kössen basin, Austria. *Palaios* **27**, 607–616.

[94] M. H. L. Deenen *et al.*, 2010. A new chronology for the end-Triassic mass extinction. *Earth and Planetary Science Letters* **291**,

[73] B. E. Cohen *et al.*, 2017. A new high-precision $^{40}Ar/^{39}Ar$ age for the Rochechouart impact structure: At least 5 Ma older than the Triassic–Jurassic boundary. *Meteoritics & Planetary Science* **52**, 1600–1611.

[74] M. Schmieder & D. A. Kring, 2020. Earth's impact events through geologic time: A list of recommended ages for terrestrial impact structures and deposits. *Astrobiology* **20**, 91–141.

[75] H. Sato *et al.*, 2021. Sedimentary record of Upper Triassic impact in the Lagonegro Basin, southern Italy: Insights from highly siderophile elements and Re-Os isotope stratigraphy across the Norian/Rhaetian boundary. *Chemical Geology* **586**, 120506.

[76] T. J. Blackburn *et al.*, 2013. Zircon U-Pb geochronology links the end-Triassic extinction with the Central Atlantic Magmatic Province. *Science* **340**, 941–945.

[77] B. Schoene *et al.*, 2010. Correlating the end-Triassic mass extinction and basalt volcanism of the Central Atlantic Magmatic Province at the 100,000-year level by high-precision U-Pb age determinations. *EGU General Assembly Conference Abstracts* **12**, 3701.

[78] J. Dal Corso *et al.*, 2014. The dawn of CAMP volcanism and its bearing on the end-Triassic carbon cycle disruption. *Journal of the Geological Society* **171**, 153–164.

[79] S. Callegaro *et al.*, 2012. Latest Triassic marine Sr isotopic variations, possible causes and implications. *Terra Nova* **24**, 130–135.

[80] C. J. Orth *et al.*, 1990. In *Global Catastrophes in Earth History; An Interdisciplinary Conference on Impacts, Volcanism, and Mass Mortality*, V. L. Sharpton & P. D. Ward, Eds. (Geological Society of America), vol. 247, pp. 0.

[81] D. M. Bice *et al.*, 1992. Shocked quartz at the Triassic-Jurassic boundary in Italy. *Science* **255**, 443–446.

[82] R. A. F. Grieve *et al.*, 1996. Shock metamorphism of quartz in nature and experiment: II. Significance in geoscience. *Meteoritics & Planetary Science* **31**, 6–35.

[83] D. J. Mossman *et al.*, 1998. A search for shocked quartz at the Triassic-Jurassic boundary in the Fundy and Newark basins of

[61] P. E. Olsen *et al.* 2002. Ascent of dinosaurs linked to an iridium anomaly at the Triassic-Jurassic boundary. *Science* **296**, 1305–1307.

[62] C. J. Orth *et al.*, 1981. An iridium abundance anomaly at the palynological Cretaceous-Tertiary boundary in northern New Mexico. *Science* **214**, 1341–1343.

[63] R. H. Tschudy *et al.*, 1984. Disruption of the terrestrial plant ecosystem at the Cretaceous-Tertiary boundary, Western Interior. *Science* **225**, 1030–1032.

[64] H. Sato *et al.*, 2013. Osmium isotope evidence for a large Late Triassic impact event. *Nature Communications* **4**, 2455.

[65] 尾上哲治・佐藤峰南, 2015. 日本の三畳紀・ジュラ紀層状チャートに記録された地球外物質の付加. *地質学雑誌* **121**, 91–108.

[66] M. Schmieder *et al.*, 2010. A Rhaetian $^{40}Ar/^{39}Ar$ age for the Rochechouart impact structure (France) and implications for the latest Triassic sedimentary record. *Meteoritics & Planetary Science* **45**, 1225–1242.

[67] D. M. Raup, 1992. Large-body impact and extinction in the Phanerozoic. *Paleobiology* **18**, 80–88.

[68] R. Tagle *et al.*, 2009. Identification of the projectile component in the impact structures Rochechouart, France and Sääksjärvi, Finland: Implications for the impactor population for the earth. *Geochimica et Cosmochimica Acta* **73**, 4891–4906.

[69] M. J. Simms, 2003. Uniquely extensive seismite from the latest Triassic of the United Kingdom: Evidence for bolide impact? *Geology* **31**, 557–560.

[70] M. J. Simms, 2007. Uniquely extensive soft-sediment deformation in the Rhaetian of the UK: Evidence for earthquake or impact? *Palaeogeography, Palaeoclimatology, Palaeoecology* **244**, 407–423.

[71] S. Lindström *et al.*, 2015. Intense and widespread seismicity during the end-Triassic mass extinction due to emplacement of a large igneous province. *Geology* **43**, 387–390.

[72] M. J. Clutson *et al.*, 2018. In *The Late Triassic World: Earth in a Time of Transition*, L. H. Tanner, Ed. (Springer International Publishing), pp. 127–187.

continental flood basalts of the Central Atlantic Magmatic Province. *Science* **284**, 616–618.

[48] M. R. Rampino & R. B. Stothers, 1988. Flood basalt volcanism during the past 250 million years. *Science* **241**, 663–668.

[49] P. R. Renne & A. R. Basu, 1991. Rapid eruption of the Siberian Traps flood basalts at the Permo-Triassic boundary. *Science* **253**, 176–179.

[50] P. R. Renne *et al.*, 1995. Synchrony and causal relations between Permian-Triassic boundary crises and Siberian flood volcanism. *Science* **269**, 1413–1416.

[51] J. Pálfy *et al.*, 2000. Timing the end-Triassic mass extinction: First on land, then in the sea? *Geology* **28**, 39–42.

[52] A. Marzoli *et al.*, 2004. Synchrony of the Central Atlantic Magmatic Province and the Triassic-Jurassic boundary climatic and biotic crisis. *Geology* **32**, 973–976.

[53] J. Viegas, 2019. Profile of Paul E. Olsen. *Proceedings of the National Academy of Sciences* **116**, 10611–10613.

[54] R. Smith, 2011. Dark days of the Triassic: Lost World. *Nature* **479**, 287–289.

[55] R. Gore & W. Ray, 1970. With a little help from two friends the dinosaurs finally win one. *Life Magazine*, December 11, 73–74.

[56] P. E. Olsen & P. M. Galton, 1977. Triassic-Jurassic tetrapod extinctions: Are they real? *Science* **197**, 983–986.

[57] P. E. Olsen & H.-D. Sues, 1986. In *The Beginning of Age of Dinosaurs: Faunal Change Across the Triassic-Jurassic Boundary*, K. Padian, Ed. (Cambridge University Press), pp. 321–351.

[58] P. E. Olsen *et al.*, 1987. New Early Jurassic tetrapod assemblages constrain Triassic-Jurassic tetrapod extinction event. *Science* **237**, 1025–1029.

[59] L. W. Alvarez *et al.*, 1980. Extraterrestrial cause for the Cretaceous-Tertiary extinction. *Science* **208**, 1095–1108.

[60] S. J. Fowell *et al.*, 1994. In *Pangea: Paleoclimate, Tectonics, and Sedimentation During Accretion, Zenith, and Breakup of a Supercontinent*, G. O. Klein, Ed. (Geological Society of America), vol. 288, pp. 197–206.

carbonate sedimentation and marine mass extinction. *Facies* **50**, 257–261.

[36] M. Hautmann *et al.*, 2008. Catastrophic ocean acidification at the Triassic-Jurassic boundary. *Neues Jahrbuch für Geologie und Paläontologie* **249**, 119–127.

[37] J. A. Kleypas *et al.*, 1999. Geochemical consequences of increased atmospheric carbon dioxide on coral reefs. *Science* **284**, 118–120.

[38] U. Riebesell *et al.*, 2000. Reduced calcification of marine plankton in response to increased atmospheric CO_2. *Nature* **407**, 364–367.

[39] J. C. Orr *et al.*, 2005. Anthropogenic ocean acidification over the twenty-first century and its impact on calcifying organisms. *Nature* **437**, 681–686.

[40] S. E. Greene *et al.*, 2012. A subseafloor carbonate factory across the Triassic-Jurassic transition. *Geology* **40**, 1043–1046.

[41] S. E. Greene *et al.*, 2012. Recognising ocean acidification in deep time: An evaluation of the evidence for acidification across the Triassic-Jurassic boundary. *Earth-Science Reviews* **113**, 72–93.

[42] M. A. Sephton *et al.*, 2002. Carbon and nitrogen isotope disturbances and an end-Norian (Late Triassic) extinction event. *Geology* **30**, 1119–1122.

[43] 大河内直彦, 2003. 化石分子とその同位体の組成からみた白亜紀黒色頁岩の成因. *化石* **74**, 48–56.

[44] P. D. Ward *et al.*, 2004. Isotopic evidence bearing on Late Triassic extinction events, Queen Charlotte Islands, British Columbia, and implications for the duration and cause of the Triassic/Jurassic mass extinction. *Earth and Planetary Science Letters* **224**, 589–600.

[45] C. S. Miller & V. Baranyi, 2021. In *Encyclopedia of Geology* (*Second Edition*), D. Alderton & S. A. Elias, Eds. (Academic Press), pp. 514–524.

[46] D. H. Erwin, 1993. *The Great Paleozoic Crisis: Life and Death in the Permian*. (Columbia University Press).

[47] A. Marzoli *et al.*, 1999. Extensive 200-million-year-old

109144.

[24] T. He *et al.*, 2022. Shallow ocean oxygen decline during the end-Triassic mass extinction. *Global and Planetary Change* **210**, 103770.

[25] M. Tamura, 1983. Megalodonts and Megalodont limestones in Japan. *Memoirs of the Faculty of Education, Kumamoto University, Natural science* **32**, 7–28.

[26] S. Todaro *et al.*, 2022. End-Triassic extinction in a carbonate platform from Western Tethys: A comparison between extinction trends and geochemical variations. *Frontiers in Earth Science* **10**, 875466.

[27] D. Jablonski, 1991. Extinctions: A paleontological perspective. *Science* **253**, 754–757.

[28] J.-X. Fan *et al.*, 2020. A high-resolution summary of Cambrian to Early Triassic marine invertebrate biodiversity. *Science* **367**, 272–277.

[29] J. J. Sepkoski, Jr., 1996. In *Global Events and Event Stratigraphy in the Phanerozoic*, O. H. Walliser, Ed. (Springer-Verlag), pp. 35–51.

[30] T. Onoue *et al.*, 2016. Paleoenvironmental changes across the Carnian/Norian boundary in the Black Bear Ridge section, British Columbia, Canada. *Palaeogeography, Palaeoclimatology, Palaeoecology* **441**, 721–733.

[31] R. L. Hall & S. Pitaru, 2004. Carbon and nitrogen isotope disturbances and an end-Norian (Late Triassic) extinction event: Comment and Reply: COMMENT. *Geology* **31**, e24–e25.

[32] P. B. Wignall *et al.*, 2007. The end Triassic mass extinction record of Williston Lake, British Columbia. *Palaeogeography, Palaeoclimatology, Palaeoecology* **253**, 385–406.

[33] A. Hallam *et al.*, 1989. The case for sea-level change as a dominant causal factor in mass extinction of marine invertebrates. *Philosophical Transactions of the Royal Society B: Biological Sciences* **325**, 437–455.

[34] A. Hallam, 2004. *Catastrophes and Lesser Calamities: The Causes of Mass Extinctions*. (Oxford University Press).

[35] M. Hautmann, 2004. Effect of end-Triassic CO_2 maximum on

(Bivalvia: Pectinoida) from the eastern Northern Calcareous Alps (Austria) and the end-Norian crisis in pelagic faunas. *Palaeontology* **51**, 721–735.

[13] C. A. McRoberts, 2011. Late Triassic Bivalvia (chiefly Halobiidae and Monotidae) from the Pardonet Formation, Williston Lake area, northeastern British Columbia, Canada. *Journal of Paleontology* **85**, 613–664.

[14] A. Urbanek, 1993. Biotic crises in the history of Upper Silurian graptoloids: A palaeobiological model. *Historical Biology* **7**, 29–50.

[15] R. J. Twitchett, 2007. The Lilliput effect in the aftermath of the end-Permian extinction event. *Palaeogeography, Palaeoclimatology, Palaeoecology* **252**, 132–144.

[16] S. Todaro *et al.*, 2018. The end-Triassic mass extinction: A new correlation between extinction events and δ^{13}C fluctuations from a Triassic-Jurassic peritidal succession in western Sicily. *Sedimentary Geology* **368**, 105–113.

[17] C. P. Fox *et al.*, 2020. Molecular and isotopic evidence reveals the end-Triassic carbon isotope excursion is not from massive exogenous light carbon. *Proceedings of the National Academy of Sciences* **117**, 30171–30178.

[18] C. P. Fox *et al.*, 2022. Two-pronged kill mechanism at the end-Triassic mass extinction. *Geology* **50**, 448–453.

[19] A. Hallam, 2002. How catastrophic was the end-Triassic mass extinction? *Lethaia* **35**, 147–157.

[20] D. Jablonski, 1996. In *Evolutionary Paleobiology*, D. Jablonski *et al.*, Eds. (The University of Chicago Press), pp. 256–289.

[21] J. L. Payne *et al.*, 2004. Large perturbations of the carbon cycle during recovery from the end-Permian extinction. *Science* **305**, 506–509.

[22] T. Matsuda & Y. Isozaki, 1991. Well-documented travel history of Mesozoic pelagic chert in Japan: From remote ocean to subduction zone. *Tectonics* **10**, 475–499.

[23] V. Karádi *et al.*, 2020. The last phase of conodont evolution during the Late Triassic: Integrating biostratigraphic and phylogenetic approaches. *Palaeogeography, Palaeoclimatology, Palaeoecology* **549**,

［引用文献］

[1] J. Graveland *et al.*, 1994. Poor reproduction in forest passerines from decline of snail abundance on acidified soils. *Nature* **368**, 446–448.

[2] J. Graveland & R. van der Wal, 1996. Decline in snail abundance due to soil acidification causes eggshell defects in forest passerines. *Oecologia* **105**, 351–360.

[3] R. S. Hames *et al.*, 2002. Adverse effects of acid rain on the distribution of the Wood Thrush *Hylocichla mustelina* in North America. *Proceedings of the National Academy of Sciences* **99**, 11235–11240.

[4] S. Guynup, 2022. Rachel Carson's 'Silent Spring' 60 years on: Birds still fading from the skies. *Mongabay.* https://news.mongabay.com/2022/05/rachel-carsons-silent-spring-60-years-on-birds-still-fading-from-the-skies/.

[5] S. E. Pabian & M. C. Brittingham, 2011. Soil calcium availability limits forest songbird productivity and density. *The Auk* **128**, 441–447.

[6] A. D. Barnosky *et al.*, 2011. Has the Earth's sixth mass extinction already arrived? *Nature* **471**, 51–57.

[7] G. Ceballos *et al.*, 2015. Accelerated modern human-induced species losses: Entering the sixth mass extinction. *Science Advances* **1**, e1400253.

[8] D. Jablonski, 2001. Lessons from the past: Evolutionary impacts of mass extinctions. *Proceedings of the National Academy of Sciences* **98**, 5393–5398.

[9] D. Jablonski, 2008. Extinction and the spatial dynamics of biodiversity. *Proceedings of the National Academy of Sciences* **105**, 11528–11535.

[10] L. H. Tanner, Ed., 2018. *The Late Triassic World: Earth in a Time of Transition*. (Springer International Publishing).

[11] J. A. Grant-Mackie, 1980. Systematics of New Zealand *Monotis* (Upper Triassic Bivalvia): Subgenus *Inflatomonotis*. *New Zealand Journal of Geology and Geophysics* **23**, 629–637.

[12] C. A. McRoberts, *et al.*, 2008. Rhaetian (Late Triassic) *Monotis*

【さ】

［索引］

N.D.C.456.52　254p　18cm

ブルーバックス　B-2241

大量絶滅《たいりょうぜつめつ》はなぜ起《お》きるのか
生命を脅かす地球の異変

2023年9月20日　第1刷発行
2023年11月14日　第3刷発行

著者　尾上《おのうえ》哲《てつ》治《じ》
発行者　髙橋明男
発行所　株式会社講談社
〒112-8001 東京都文京区音羽2-12-21
電話　出版　03-5395-3524
販売　03-5395-4415
業務　03-5395-3615
印刷所　（本文印刷）株式会社ＫＰＳプロダクツ
（カバー表紙印刷）信毎書籍印刷株式会社
製本所　株式会社国宝社

定価はカバーに表示してあります。

ISBN978−4−06−533395−2

発刊のことば

科学をあなたのポケットに

二十世紀最大の特色は、それが科学時代であるということです。科学は日に日に進歩を続け、止まるところを知りません。ひと昔前の夢物語もどんどん現実化しており、今やわれわれの生活のすべてが、科学によってゆり動かされているといっても過言ではないでしょう。

そのような背景を考えれば、学者や学生はもちろん、産業人も、セールスマンも、ジャーナリストも、家庭の主婦も、みんなが科学を知らなければ、時代の流れに逆らうことになるでしょう。

ブルーバックス発刊の意義と必然性はそこにあります。このシリーズは、読む人に科学的に物を考える習慣と、科学的に物を見る目を養っていただくことを最大の目標にしています。そのためには、単に原理や法則の解説に終始するのではなくて、政治や経済など、社会科学や人文科学にも関連させて、広い視野から問題を追究していきます。科学はむずかしいという先入観を改める表現と構成、それも類書にないブルーバックスの特色であると信じます。

一九六三年九月　　野間省一